国家食品安全风险评估中心

国家食品安全风险评估中心年鉴编委会　编

图书在版编目（CIP）数据

国家食品安全风险评估中心年鉴.2013卷/国家食品安全风险评估中心年鉴编委会编.—北京：中国人口出版社，2013.12

ISBN 978-7-5101-2202-6

Ⅰ.①国… Ⅱ.①国… Ⅲ.①食品安全—风险管理—组织机构—中国—2013—年鉴 Ⅳ.①TS201.6-54

中国版本图书馆CIP数据核字（2013）第302901号

国家食品安全风险评估中心年鉴.2013卷

国家食品安全风险评估中心年鉴编委会 编

出版发行	中国人口出版社
印　　刷	北京朝阳印刷厂印刷有限公司
开　　本	787毫米×1092毫米　1/16
印　　张	16　插10
字　　数	250千
版　　次	2013年12月第1版
印　　次	2013年12月第1次印刷
书　　号	ISBN 978-7-5101-2202-6
定　　价	50.00元

社　　长	陶庆军
网　　址	www.rkcbs.net
电子信箱	rkcbs@126.com
总编室电话	（010）83519392
发行部电话	（010）83530809
传　　真	（010）83519401
地　　址	北京市西城区广安门南街80号中加大厦
邮　　编	100054

编 委 会

国家食品安全风险评估中心成立 

2011年10月13日,国家食品安全风险评估中心在北京挂牌成立。图为卫生部部长陈竺（左二）、卫生部党组书记张茅（右二）、国务院食品安全办主任张勇（左一）、中央机构编制委员会办公室副主任张崇和（右一）为中心揭牌

卫生部副部长、国家食品安全风险评估中心理事长陈啸宏主持成立仪式

国务院食品安全办副主任、国家食品安全风险评估中心副理事长刘佩智（左）为中心主任刘金峰（右）颁发聘书

2011年8月31日，国家食品安全风险评估中心理事会成立大会暨第一次全体会议在京召开。会议由卫生部副部长、国家食品安全风险评估中心理事长陈啸宏主持。国务院食品安全办副主任、国家食品安全风险评估中心副理事长刘佩智以及来自农业部、工商总局、质检总局、食品药品监管局、中国科学院、中国医学科学院、中国疾病预防控制中心、国家食品质量安全监督检验中心、中国食品药品检定研究院、食品安全国家标准审评委员会、军事医学科学院等部门、单位推荐的理事或理事代表出席会议。中央编办和卫生部参加食品风险评估中心筹建工作的全体成员列席了会议

理事会是国家食品安全风险评估中心的决策监督机构，负责国家食品安全风险评估中心的发展规划、财务预决算、重大事务、章程拟订和修订等事项，按照规定履行人事等方面的管理职责，并监督国家食品安全风险评估中心的运行。

为切实做好全国人大关于“加强食品安全风险监测评估体系建设”重点建议办理工作，卫生部会同有关部门成立了重点建议办理工作领导小组。卫生部部长陈竺（左五）担任组长，卫生部副部长陈啸宏（左四）担任副组长，成员包括中央机构编制委员会办公室、国务院食品安全办、国家发展改革委、教育部、科技部、财政部、人社部等部门司局级负责同志以及卫生部相关司局和国家食品安全风险评估中心负责同志。图为2012年7月10日卫生部重点建议办理工作领导小组第一次会议在国家食品安全风险评估中心召开

2011年10月13日，卫生部部长陈竺、党组书记张茅、国务院食品安全办主任张勇、副主任刘佩智等领导视察中心实验室

2012年7月20日，世界卫生组织（WHO）总干事陈冯富珍赴国家食品安全风险评估中心参观访问。图为卫生部副部长、国家食品安全风险评估中心理事长陈啸宏向陈冯富珍女士赠送纪念品

2012年9月27~28日，国际食品安全风险评估研讨会在京召开。卫生部部长陈竺（左三），国务院食品安全办副主任、国家食品安全风险评估中心副理事长刘佩智（左二），世界卫生组织（WHO）驻华总代表蓝睿明博士（右一），国家食品安全风险评估中心技术总顾问陈君石院士（左一）等出席会议。卫生部副部长、国家食品安全风险评估中心理事长陈啸宏（右二）主持会议

2012年9月26日，卫生部副部长、国家食品安全风险评估中心理事长陈啸宏（右一）为国家食品安全风险评估中心国际顾问专家委员会专家颁发聘书

2012年10月12日下午，国家食品安全风险评估中心召开成立1周年座谈会。国务院副秘书长、食品安全办主任张勇，农业部副部长、国家食品安全风险评估中心副理事长陈晓华出席并讲话。卫生部副部长、国家食品安全风险评估中心理事长陈啸宏主持会议

2012年6月26日至7月7日，中央编办副主任张崇和率团，国家食品安全风险评估中心主任刘金峰等赴欧洲考察食品安全监管工作

2012年3月16～21日，卫生部副部长、国家食品安全风险评估中心理事长陈啸宏率团赴中国台湾地区考察食品安全风险评估与管理工作

2012年8月29日，国家食品安全风险评估中心和德国联邦风险评估研究所签署合作谅解备忘录并开展中德食品安全风险评估工作交流会

国家食品安全风险评估中心管理层成员：主任刘金峰（左四）、党委书记侯培森（右三）、副主任严卫星（左三）、党委副书记兼纪委书记高玉莲（右二）、主任助理王竹天（左二）、主任助理李宁（右一）、首席专家吴永宁（左一）

2012年4月27日，中层管理岗位竞聘人员民主测评暨中心主任助理民主推荐会现场

2012年8月27日，中心副主任竞争上岗面试现场

2012年8月30日，进行中心党委副书记民主推荐。图为党委书记侯培森和职工投票推荐

2012年3月30日，国家食品安全风险监测工作研讨会在广西壮族自治区南宁市召开

2012年7月25日，2013年国家食品安全风险监测计划研讨会在四川省成都市召开

全国食品污染物监测数据汇总系统平台

针对基层人员开展食源性致病菌检测技术培训

国家食品安全风险监测违禁药物及非食用物质技术培训现场

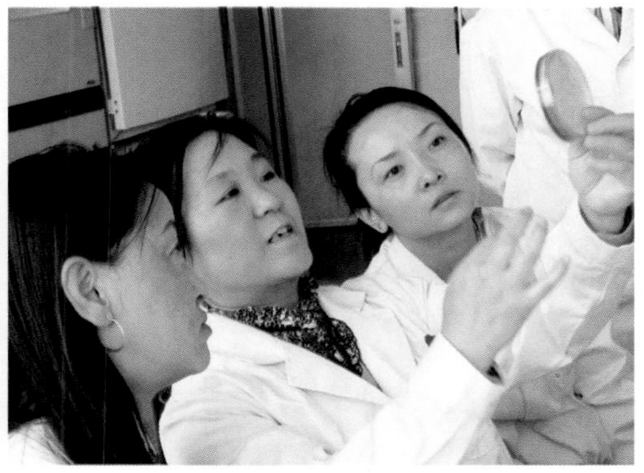

为西藏自治区基层人员提供食品安全风险监测技术指导

2012年2月22日，国家食品安全风险评估专家委员会第五次全体会议在北京召开。图为国家食品安全风险评估专家委员会主任委员、国家食品安全风险评估中心技术总顾问陈君石院士作会议总结

2012年8月1日，列入2012年国家食品安全风险评估优先项目的“鸡肉中弯曲菌定量风险评估”在江苏省扬州市启动。图为弯曲菌检测方法培训现场

2012年7月16～19日，列入2012年国家食品安全风险评估优先项目的“食品中邻苯二甲酸酯风险评估”在浙江启动。图为检测方法培训现场

现场采样和入户调查是实施国家食品安全风险评估优先项目的重要内容。图为工作人员在广东省韶关市入户调查

2012年9月14日，食品安全国家标准审评委员会第七次主任会议在京召开。卫生部部长、食品安全国家标准审评委员会主任委员陈竺（左三）出席会议并讲话，副主任委员庞国芳（左二）院士主持会议。会议审议通过59项食品安全国家标准，原则通过《食品安全国家标准工作程序手册》，同意增补刘金峰同志为副主任委员，调整金发忠同志、王苏阳同志为副秘书长

2012年3月12日，第44届国际食品添加剂法典委员会会议在浙江省杭州市举行

2012年食品安全国家标准制定修订项目启动会现场

2012年食品微生物国家标准专家研讨会现场

国家食品安全风险评估中心技术总顾问陈君石院士、党委书记侯培森等参加第35届国际食品法典委员会大会

2012年2月24日，组织召开炊具锰迁移对健康影响有关问题风险交流会

2012年6月15日，专家向参加国家食品安全风险评估中心开放日活动的公众介绍食品安全知识

2012年7月31日，“食品安全标准面对面”公众开放日活动现场

2012年8月9日，举办风险交流–新闻发言人团队培训会。图为严卫星研究员作“食品安全舆情应对”专题报告

2012年8月21日，国际食品信息中心（IFIC）主任David Schmidt及副主任Andy Benson在国家食品安全风险评估中心作食品安全风险交流专题报告

2012年9月15~16日，在“全国科普日”北京主场活动现场向公众介绍食品安全快速检测方法

2012年9月，国家食品安全风险评估中心专家在云南省彝良县地震灾区开展食品安全指导工作

开展婴幼儿配方食品中汞的污染检测

开展食品中铬的污染检测前处理工作

2012年7月18日，卫生部批准组建食品安全风险评估重点实验室。图为评审专家正在考察实验室

2012年8月6日，国家认监委评审组对国家食品安全风险评估中心食品检验机构资质认定进行现场确认

开展食源性致病菌实验室检测工作

开展食品中塑化剂的检测

中心专业技术人员在国外接受培训

李宁研究员（右一）指导研究生进行毒理学研究

调研

取样

配置考核样品

组织开展“地沟油”检测方法征集及论证工作，将采集到的“地沟油”配制成考核样品，对征集到的检测方法予以验证，初步遴选出4个仪器检测方法和3个现场快速检测方法作为检测“地沟油”的组合筛选方法

国家食品安全风险评估中心召开纪念中国共产党建党91周年大会。图为新发展党员面向党旗庄严宣誓，新入职党员重温入党誓词

形式多样的支部主题党日活动。图为赴北京市反腐倡廉教育警示基地，反腐倡廉影像展览，周恩来、邓颖超纪念馆参观学习；赴乳品企业了解食品加工生产流程

国家食品安全风险评估中心向山西省昔阳县捐赠了自主研发、获国家专利的食品安全快速检测箱

中心党委副书记兼纪委书记高玉莲（左一）和职工在大寨展览馆参观

2012年8月22～25日，组织职工赴山西省昔阳县大寨村开展“学习大寨精神 共铸食品安全”主题教育培训活动

2012年9月7日，国家食品安全风险评估中心代表队荣获卫生部第九套广播体操比赛“第一名”

2012年年度总结会暨新年晚会现场

新职工培训会现场

开展职工文体活动

序

国家食品安全风险评估中心是经中央机构编制委员会办公室批准、采用理事会决策监督管理模式的公共卫生事业单位，成立于2011年10月13日。

作为负责食品安全风险评估的国家级技术机构，国家食品安全风险评估中心承担着“从农田到餐桌”全过程食品安全风险管理的技术支撑任务，服务于政府的风险管理，服务于公众的科普宣教，服务于行业的创新发展。

国家食品安全风险评估中心成立以来，坚持“边组建、边工作、边规范”，始终以“为保障公众食品安全提供技术支撑”为宗旨，在卫生部领导下，在理事会决策监督之下，科学研判食品安全风险监测中发现的问题，及时提出食品安全风险预警建议；开展食品安全风险评估项目，为充分认识和有效应对食品安全风险隐患提供科学依据；立足国家需求，遵循国际原则，着力开展食品安全国家标准的制定修订和清理整合工作；针对社会关切，及时开展食品安全风险交流，解疑释惑，消除公众认知误区；针对食品安全风险监测、评估和食源性疾病溯源预警中的关键问题开展研究，逐步提高食品安全检测能力，发挥技术引领作用。

国家食品安全风险评估中心所从事的食品安全技术支撑工作，承载着各方热切的期望。《国家食品安全风险评估中心年鉴（2013卷）》忠实记录了国家食品安全风险评估中心从筹备、组建到2012年底的工作，提供的是系统性、连贯性的信息汇集，通过回顾过去、总结经验，有利于更好地把握现在、探索未来。

国家食品安全风险评估中心成立两年来，其食品安全技术支撑“国家队”作用逐渐显现。国家食品安全风险评估中心全体职工将继续务实创新，认真履职，按照上级要求，努力把国家食品安全风险评估中心建设成为人才结构合理、技术储备充分、具有科学公信力和国际影响力的食品安全权威技术支持机构。

国家食品安全风险评估中心年鉴编委会

二〇一三年十月

目　　录

第一部分　重要讲话

第二部分 业务工作

第三部分 技术工作报告

第四部分 活动和会议

第五部分 大事记

第六部分　机构设置

第七部分　奖励与荣誉

第八部分　附　　录

第一部分　重要讲话

在国家食品安全风险评估中心理事会成立大会上的讲话

卫生部部长　陈　竺

2011 年 8 月 31 日

今天，国家食品安全风险评估中心（简称食品风险评估中心）理事会成立大会胜利召开，首先我代表卫生部对理事会的成立表示热烈的祝贺，对理事长、副理事长和理事的当选表示热烈的祝贺，对中央机构编制委员会办公室（简称中央编办），国务院食品安全委员会办公室（简称国务院食品安全办）给予的指导，各相关部门和单位对理事会成立的大力支持表示衷心感谢！

食品安全是一项重要的民生工作，关系人民群众的健康和生命安全，也直接影响着国家的全面协调和可持续发展。党中央、国务院高度重视食品安全，2009 年颁布实行的《中华人民共和国食品安全法》（简称《食品安全法》）将食品安全风险评估确定为一项重要的法定制度，并规定食品安全风险评估是政府制定修订食品安全标准、开展食品安全监督管理、处置重大食品安全事故、发布食品安全风险预警和开展风险交流的科学基础。同年 11 月，卫生部会商相关部门，依法组织成立国家食品安全风险评估专家委员会，建立健全了食品安全风险评估配套工作制度。国家食品安全风险评估专家委员会按照《食品安全法》的规定，认真配合政府食品安全监管工作，积极主动开展了一系列风险评估工作，取得了一定成效。为加强食品安全风险评估基础建设，经国务院和中央机构编制委员会领导同志批准，筹备成立国家食品安全风险评估中心，负责食品安全风险评估、监测、预警、交流等技术支持工作。2011 年 4 月，中央编办印发了《国家食品安全风险评估中心组建方案》，对中心的职责、任务、运行机制和人员编制等提出了明确要求。国家食品安全风险评估中心是在当前国务院事业单位改革工作启动后批准成立的第一个公共卫生事业单位，并承担国家事业单位法人治理结构管理模式试点工作，按照国务院办公厅印发的《关于建立和完善事业单位法人治理结构的意见》有关规定，在中央编办、国务院食品安全办的指导下，成立了食品风险评估中心理事会，希望理事会按照《国家食品安全风险评估中心组建方案》和《国家食品安全风险评估中心章程》的规定，依法认真履行职责，承担起中心的决策监督、发展规划和财务决算等重大事项的管理，积极创造条件支持中心管理层的工作，充分发挥专家的作用，广泛听取社会各方面意见，促进我国食品安全风险评估工作水平不断提高，更好地为政府食品安全监管做好技术支撑。在这里，我代表卫生部表态，我们将大力支持食品风险评估中心理事会工作，并负责做好中心的党务、行政、后勤等日常事务管理工作。我相信，我们各相关部门和理事单位都会十分关心、支持食品风险评估中心的建设与发展，使之真正建设成为世界一流的食品安全技术支持机构。

同志们，建立事业单位法人治理结构是一个全新的改革探索，是转变政府职能、创新事业单位体制机制的重要举措，我们要进一步解放思想，坚持从实际出发，确保公益目标的实现，要完善激励约束机制，提高中心运行效率，进一步规范评估行为，在试点工作中我们还要不断总结经验，积极探索食品安全监管的新型体制机制，努力将我们国家的食品安全工作提高到一个新水平。

在国家食品安全风险评估中心理事会成立大会上的讲话

国务院食品安全委员会办公室主任　张　勇

2011 年 8 月 31 日

很高兴参加国家食品安全风险评估中心理事会的成立大会，我谨代表国务院食品安全委员会办公室对国家食品安全风险评估中心理事会的成立表示热烈的祝贺。

《食品安全法》规定，国家建立食品安全风险评估制度。食品安全风险评估是食品安全监管工作的关键环节，是食品安全技术支撑体系的核心，也是发现食品安全隐患、确定食品监管重点、制定食品安全标准、发布食品安全预警、处置食品安全事件的科学基础。中共中央、国务院领导同志高度重视食品安全风险评估工作，多次作出重要的指示和批示，《全国人民代表大会常务委员会执法检查组关于检查〈中华人民共和国食品安全法〉实施情况的报告》，也建议加快组建国家食品安全风险评估中心。在党中央、国务院领导同志的关心下，卫生部和中央编办通过深入细致的调研，借鉴国际先进经验，在各部门的积极配合下，用了很短的时间，完成了国家食品安全风险评估中心的论证工作。国家食品安全风险评估中心理事会的成立，将进一步加快食品风险评估中心的建设工作，使其尽早发挥在食品安全工作中的技术支撑作用。理事会是食品风险评估中心的监督决策机构，负责中心的发展规划、财务预算决算等事项，并监督中心运行。希望理事会成立后，进一步加强对食品风险评估中心组建工作的领导，加强中心能力建设，逐步将中心建设成为人才结构合理、技术储备充分、具有科学公信力和国际影响力的食品安全权威技术支持机构，能够全面承担食品安全监测、评估、预警和交流等方面的技术支持工作。

国家食品安全风险评估中心是我国权威的专门的食品安全风险评估机构，中央编办印发的《国家食品安全风险评估中心组建方案》已规定其他相关部门不再设立专门的食品安全风险评估机构，并设立了理事会管理制度，农业部和国务院食品安全办是副理事长单位，工商、质检、食品药品监管等部门都是理事单位，各有关部门都能够参与对食品风险评估中心的管理，保证食品风险评估中心能够为各理事单位提供技术服务。国务院食品安全办作为理事会的副理事长单位，将积极配合支持食品风险评估中心的建设工作。让我们共同努力，以国家食品安全风险评估中心理事会成立为契机，把食品风险评估中心建设好，提高我国食品安全风险评估水平，为促进我国食品安全形势转好、切实保障人民群众身体健康而努力！

在国家食品安全风险评估中心理事会成立大会上的讲话

中央机构编制委员会办公室副主任　张崇和

2011 年 8 月 31 日

在全国分类推进事业单位改革之际，国家食品安全风险评估中心理事会今天成立了，受东明同志（王东明同志，时任中央编办主任）的委托，我代表中央编办对理事会的成立表示热烈的祝贺。

食品安全是重大民生问题，关系人民群众生命健康，关系社会和谐稳定，社会普遍关注，党中央、国务院高度重视，今年 4 月，经过国务院中央编委批准，中央编办印发了《国家食品安全风险评估中心组建方案》，对国家食品安全风险评估中心的主要职责、运行机制、机构人员编制和相关事项作了明确的规定，卫生部会同国务院食品安全办、农业部、工商总局、质检总局、食品药品监督局精心规划，积极筹建，拟定了中心的章程，建立了理事会，为中心的组建运行奠定了良好的基础。建立国家食品安全风险评估中心，是构建中国特色食品安全风险评估体系的重要举措，是增强评估监测预警的重要能力建设，是食品安全的强大技术支撑。中心的建立，对有效控制食品安全风险，维护人民群众生命健康，让群众吃得安全、吃得放心具有十分重大的意义。食品风险评估中心实行理事会管理制度，体现了改革的精神，体现了事业单位体制机制的创新。理事会的建立标志着中心组建工作取得了阶段性的成果，借此机会，对理事会和中心的组建发展提三点建议。

第一，规范运行。中共中央、国务院下发《关于分类推进事业单位改革的指导意见》等有关文件，对建立和完善事业单位法人治理结构作了明确的规定，相信食品风险评估中心能够按照有关规定，坚持管办分离原则，科学拟定中心章程，实行科学民主决策，建立激励约束机制，确保中心规范、高效、有序的运行。

第二，改革创新。事业单位改革的目的是促进公益事业的发展，改革的核心是体制机制创新，食品安全风险评估所从事的是一项十分艰巨而重要的公益事业，相信中心能够积极探索，大胆创新，真正建成功能明确、治理完善、运行高效、服务水平高、公益性作用强的事业单位，为其他事业单位的改革和发展作出表率。

第三，不辱使命。组建国家食品安全风险评估中心，目的是增强食品安全风险的预警和防范能力，维护食品安全，维护人民的生命健康，责任重大，使命光荣。我们也相信，中心的相关部门能够树立大局意识，加强协调配合，主动履行职责，形成合力，共同完成好这一光荣而艰巨的任务。维护食品安全是我们共同的责任，中央编办将一如既往关心、支持国家食品安全风险评估中心的组建、发展，共同为共和国食品安全事业做出应有的贡献。

最后，我再一次对理事会和中心的组建发展表示良好的祝愿！

在国家食品安全风险评估中心国际顾问专家委员会成立大会上的讲话

卫生部副部长、国家食品安全风险评估中心理事长　陈啸宏

2012 年 9 月 26 日

在国家食品安全风险评估中心成立即将一周年的日子，我们高兴地迎来了国家食品安全风险评估中心国际顾问专家委员会的成立。这是加强我国食品安全技术领域国际合作，建设高水平食品安全风险评估机构，提升食品安全技术支撑能力的重要举措。在此，我代表理事会、卫生部对国际顾问专家委员会的成立表示衷心祝贺，对给予食品风险评估中心大力支持的各位国际专家表示热烈的欢迎和由衷地感谢！

食品安全是攸关民生的大事，中国政府历来高度重视此项工作，制定实施了一系列强化食品安全的政策措施，2009 年国家颁布《食品安全法》，建立了食品安全风险监测评估体系，统一制定、公布食品安全国家标准等法律制度。专门成立了国务院食品安全委员会并专设国务院食品安全办。2011 年 10 月，在中央机构编制委员会办公室和有关部门的支持下，国家食品安全风险评估中心正式挂牌成立。

为夯实食品安全监管基础，国务院 2012 年食品安全重点工作安排明确要求加强食品安全风险监测评估体系建设，特别是刚刚印发的《国务院关于加强食品安全工作的决定》（以下简称《决定》）和《国家食品安全监管体系“十二五”规划》（以下简称《规划》），对我国食品安全工作提出了具体要求和中长期规划。《决定》和《规划》体现了中国政府对食品安

全高度重视，是在新形势下政府加强食品安全工作的重大举措。

卫生部在食品安全技术支撑体系建设方面，从 2010 年起全面实施了国家食品安全风险监测计划，初步建立了覆盖全国的食品安全风险监测体系；成立了国家食品安全风险评估专家委员会和食品安全国家标准审评委员会，制定并实施了风险监测、风险评估和食品安全标准的相关制度；完成了一系列常规和应急风险评估任务；公布了一批新的食品安全国家标准，废止和调整了一批过时的标准和指标。

食品风险评估中心成立后，通过边组建、边工作，已逐步在中国食品安全领域发挥核心作用，并取得了一定的成绩。

第一，协助卫生部开展食品安全风险监测相关技术工作，参与研究提出监测计划，汇总分析监测信息，编制监测报告，研判监测中发现的食品安全问题，及时报告食品安全隐患，为评价中国食品安全整体状况，提高我国食品安全监管工作水平和能力，防范食品安全系统性风险方面发挥了积极、有效的作用。

第二，协助国家食品安全风险评估专家委员会开展风险评估工作，已完成了“乳与乳制品中三聚氰胺”、“食盐加碘”、“食品中镉”和“含铝食品添加剂”等多个食品安全风险评估项目，为有关部门制定食品安全风险管理措施、开展食品安全风险交流提供了科学依据。

第三，协助卫生部开展食品安全标准相关工作，参与研究制定食品安全国家标准“十二五”规划，完善食品安全标准管理制度，稳妥处理现行食品标准间交叉、重复、矛盾等问题，广泛开展食品安全国家标准宣传培训和媒体交流，认真组织开展标准跟踪评价，主动指导食品行业严格执行新标准，为完善我国食品安全标准体系建设做出了一系列卓有成效的工作。

第四，主动与公众和媒体进行交流，多次组织中心开放日活动，向媒体和大众宣传食品安全知识。同时，还采用新闻发布、媒体沟通会、新闻稿、媒体采访等多种形式积极回应社会关切，正确引导舆论。

第五，不断提高食品安全科技支撑能力，开展食品安全风险监测、评估和预警相关科学研究工作。目前，已在食品安全检测技术、食品安全风险评估方法等方面开展了大量的基础性研究，这将从根本上为食品安全工作提供技术保障。

我们在肯定成绩的同时也清醒地认识到，中国的食品安全工作还处于起步阶段，在食品安全标准体系建设、风险监测评估能力、食源性疾病主动监测、检验检测技术、人才队伍结构、相关基础研究等方面与发达国家相比还有一定的差距。

因此，我们今天特别成立了国际顾问专家委员会，诚恳邀请在座各位专家加入。各位的专业覆盖了营养、毒理、微生物、农业、食品安全风险评估和食品安全宏观政策制定等众多方面，并且都有很高的学术造诣和技术专长，享誉国际。在此，我想对各位专家提出几点希望：

第一，希望各位专家能将贵国和贵机构开展食品安全工作的有益经验带入中国，并从国际视角分析我们今后的食品安全工作，提出意见和建议；

第二，充分发挥顾问委员会对食品风险评估中心的技术指导作用，积极参与我国食品安全标准制定修订、风险监测、评估、预警、交流等工作，从技术层面为中国食品安全水平的提升和发展当好参谋与智库；

第三，帮助食品风险评估中心培养掌握国际食品安全风险评估、风险管理和风险交流方法的高水平专业人才，不断提高食品风险评估中心承担食品安全技术支撑工作的能力；

第四，希望各位专家能够成为食品风险评估中心对外合作交流的桥梁和纽带。

同时，食品风险评估中心要建立起有效的工作模式，为国际专家顾问委员会提供充分保障。一要为顾问委员会做好服务，创造良好的工作条件；二要建立与顾问委员会专家的沟通、交流机制，及时、准确传达信息；三要认真组织落实顾问委员会议定的意见和建议；四要以此为契机，不断加强自身能力建设，提高工作水平。

最后，再次感谢各位国际专家对中国食品安全工作的支持，我们将认真听取大家的意见建议，不断提高工作水平，再创中国食品安全新局面！

在国家食品安全风险评估中心关于落实《国家食品安全监管体系“十二五”规划》专题讲座上的讲话

国务院食品安全委员会办公室副主任、
国家食品安全风险评估中心副理事长　刘佩智

2012 年 8 月 30 日

很高兴来国家食品安全风险评估中心与同志们一起座谈交流食品安全工作。食品风险评估中心是按照中央编办批准的《国家食品安全风险评估中心组建方案》组建起来的，这是中共中央、国务院在加强食品安全工作方面的一项重要决策，是全面贯彻落实食品安全法、实现食品安全“预防为主、科学管理”的重要举措，也是强化我国食品安全技术支撑体系建设的重大步骤。

国务院食品安全办作为食品风险评估中心的副理事长单位，一直以来，全力配合、关注和支持中心的建设。我作为食品风险评估中心的副理事长，也全程参与和见证了中心组建和发展。2011 年 8 月 31 日，食品风险评估中心理事会正式成立，第一次全体会议审议通过了中心的章程；2011 年 10 月 13 日，国家食品安全风险评估中心正式挂牌成立。中心成立以来，在卫生部的领导下，在相关部门的支持下，在理事会和中心全体同志的共同努力下，在较短的时间内全面担负起了章程赋予的各项职责，各项工作有力、有序地开展。

今天，能与食品风险评估中心从事食品安全工作的专家们一起交流工作体会，共同学习领会《国家食品安全监管体系“十二五”规划》（以下简称《规划》），机会难得。

2012年6月28日，国务院办公厅印发了《规划》，这是我国第一个食品安全方面的国家级专项规划。编制和实施《规划》是贯彻落实党中央、国务院关于加强食品安全工作决策部署的重要举措，是推进完善食品安全监管体系、全面增强食品安全监管能力的迫切需要，对维护人民群众身体健康和生命安全具有重要意义。

一、《规划》的突出特点

《规划》注重贯彻《国务院关于加强食品安全工作的决定》（以下简称《决定》）精神，落实《国民经济和社会发展第十二个五年规划纲要》在食品安全领域的目标和任务，强调与相关领域专项规划互为支撑，统筹指导部门和地方食品安全相关规划。《规划》力求做到“5个突出”：

（一）突出建设重点

力争在5年时间内，重点解决监管体系中存在的突出矛盾和问题，提高监管能力和水平。在全面推进各项食品安全工作的基础上，按照总体布局，重点抓好项目建设，对全国食品安全监管体系建设起到支持和示范作用。《规划》提出9个涉及全局、部门和地区难以独立解决的重点项目，将在“十二五”期间有针对性地加大投入、优先建设。

1. 以基本完成标准清理整合、优先制定修订一批重点标准为主要任务的“食品安全国家标准建设”。

2. 以扩大监测范围、建立统一的国家食品安全风险监测数据库、建设国家级风险评估机构为主要任务的“监测评估能力建设”。

3. 以强化各级检验机构设备配备，试点检验资源整合，提高整体检验能力为主要任务的“检验检测能力建设”。

4. 以制定实施食品安全监管执法装备配备标准，强化省、市、县三级监管队伍和应急处置专业队伍标准化配备为主要目标的“监管队伍装备标准化建设”。

5. 以建立婴幼儿配方乳粉和原料乳粉、生鲜农产品、酒类产品、保健食品质量安全电子追溯系统为主要任务的“食品安全追溯系统建设”。

6. 以逐步建立纵贯中央到地方、横跨各部门的食品安全信息化管理系统为主要任务的“国家食品安全信息平台建设”。

7. 以开展一系列食品安全监管领域重点研究为主要内容的“食品安全科技支撑能力建设”。

8. 以充实食品安全培训师资力量、编写培训教材、增设必要教学设备为主要内容的“食品安全培训能力建设”。

9. 以加强食品安全科普资源储备、搭建科普资源支撑平台、打造精品科普项目、建立科普专家库为主要内容的“食品安全科普宣传能力建设”。

（二）突出预防为主

《规划》坚持预防为主、关口前移，力求防患于未然，着力加强风险监测、评估预警、标准制定等工作。如通过加大食品安全风险监测能力建设力度，增设监测网点，扩大监测覆盖面，提高发现系统性风险的能力；通过建设国家级食品安全风险评估机构，提升风险评估能力；通过加快食品安全标准的制定修订进度，提高标准质量等。

（三）突出基层基础

《规划》提出应合理布局建设项目，强化监管能力尤其是基层监管能力建设。

1. 实施监管队伍装备标准化建设。《规划》在建设目标中明确提出，“十二五”期间，省、市、县三级食品安全监管队伍全面完成装备配备的标准化建设，监管执法水平明显提高。

2. 强化地方政府对食品安全工作的保障能力。《规划》要求县级以上地方人民政府落实属地管理责任，加强对食品安全监管工作的领导、组织和协调，将食品安全监管工作纳入本地区经济社会发展规划和政府工作考核目标，制定并组织实施食品安全监管工作年度计划；切实加大投入，加强食品安全监管队伍建设，配备与食品安全监管职责相适应的人员，保障经费和工作条件，提升各级、特别是基层监管队伍装备配备水平。

3. 加强基层检验能力建设。《规划》在检验能力建设方面充分考虑基层需要，要求统筹、强化各级食品安全检验能力，特别是加快最急需、最薄弱环节以及中西部和基层地区食品安全检验能力建设，重点解决“检不出、检得慢”的问题；要求各县（市、区）具备对常见食品微生物、重金属、理化指标的实验室检验能力及现场定性速测能力。

4. 加强业务培训。《规划》要求对各级政府及监管部门负责人、食品安全监管人员加强法律法规、标准、科学知识、监管专业技术、应急处置能力等培训。各级食品安全监管人员每人每年接受食品安全集中专业培训不少于40小时。

（四）突出资源整合

通过对食品安全检验检测资源专项摸底调查得知，我国目前隶属于政府部门的食品检验机构共6324家。单就数量而言，相当于0.472家检验机构/10万人口（以全国人口13.39亿计算），超过了德国0.045家机构/10万人口和中国香港0.025家机构/10万人口的数量。但是，一方面现有检验机构普遍规模小、仪器设备简陋，检验能力整体较低；另一方面，现有检验机构分布分散、共享困难，低水平重复建设问题较为严重。

《规划》将检验能力建设列为重点建设项目，明确提出要统筹考虑地域分布和实际监管工作需要，按照“提高现有能力水平、按责按需、填平补齐、避免重复建设、实现资源共享”的原则建设检验能力；要求积极稳妥地推进县级检验资源整合，鼓励省、市级根据实际情况进行检验资源整合。选择若干市、县试点探索食品检验资源优化整合的有效模式，实现统一利用人员设备，统一计划安排检验任务，统一管理检验经费，共享检验信息。对于在检验资源整合方面取得成效的地区，国家在建设资金上给予优先支持。

（五）突出科技支撑

《规划》在加强传统监管手段的基础上，注重先进、适用科学技术的推广运用，丰富监管手段、提升监管水平。

1. 强调运用先进信息科技手段加强监管信息化建设。《规划》提出建立国家食品安全信息平台，实现不同层级、不同部门系统间的互联互通、资源共享。

2. 强调运用物联网等技术加强追溯能力建设。《规划》特别强调要加强食品质量安全溯源管理，建立健全追溯制度，强化各环节食品生产经营记录，并明确提出推进食品安全电子追溯系统的建设。“十二五”期间，针对婴幼儿配方乳粉、肉类、蔬菜、酒类、保健食品等重点食品试点建立电子追溯系统，实现从生产、流通、运输直至销售终端全程动态追踪监控等。

二、《规划》的主要内容

《规划》要求全面推进法规和标准、监测评估、检验检测、过程控制、进出口食品安全监管、应急管理、综合协调、科技支撑、食品安全诚信、宣教培训等10大体系建设，并针对其中的薄弱环节和急需解决的突出问题，全力抓好9个重点建设项目。同时，在综合协调机制建设、监管队伍建设、标准清理整合、监测评估和检验检测能力建设、“三品一标”产品产地认定、进出口食品安全监管、信用档案建设、追溯系统建设、宣教培训等方面提出了 10 项具体目标。《规划》内容丰富，篇幅较大，今天我重点介绍一下与国家食品安全风险评估中心关系较为密切的标准、监测、评估、信息化能力建设方面的内容。

（一）标准能力建设

《规划》提出，要在“十二五”期间基本完成现行食用农产品质量安全标准、食品卫生标准、食品质量标准和有关食品行业标准中强制执行标准的清理整合工作。近日，卫生部等 8 部门联合印发了《食品安全国家标准“十二五”规划》，这是贯彻落实《规划》有关标准建设要求的具体举措。

（二）风险监测能力建设

《规划》将风险监测能力建设列为重点建设项目，提出逐步增设食品和食用农产品风险监测网点，扩大监测范围、监测指标和样本量，使风险监测逐步从省、市、县延伸到社区、乡村，覆盖从农田到餐桌全过程。其中，食品污染物和有害因素监测覆盖全部县级行政区域，监测点由 344 个扩大到 2870 个；监测样本量从 12.4 万个/年扩大到 287 万个/年；食源性疾病监测网络哨点医院由 312 个扩大到 3120 个，流行病学调查、资料汇总单位由 274 个扩大到 3236 个；此外，在农产品监测方面，在优势农产品主产区建立食用农产品质量安全风险监测点，蔬菜、水果、茶叶、生鲜乳、蛋、水产品和饲料国家级例行监测和监督抽检数量达到每万吨 3 个样品，出栏畜禽产品达到每万头（只）3 个样品，监测抽检范围扩大到全国所有大中城市和重点产区。风险监测能力建设是《规划》提出的目标最具体、最明确的建设项目。

《规划》要求在增加投入，密织监测网络的同时，着重强调监测工作要实现"资源共享、统一部署"。《规划》明确提出要"整合各部门监测资源，建立统一的国家食品安全风险监测体系"，"完善卫生部牵头、相关部门密切配合的食品安全风险监测工作机制，统一制定国家食品安全风险监测计划，统一监测管理体系和工作程序，统一规范监测数据的报送、归集、分析和发布"。

（三）风险评估能力建设

《规划》突出强调了食品安全风险评估能力建设，要求健全风险评估体系，强化风险评估人才队伍建设，建立科学有效的评估方法，完善评估制度和工作机制，充分发挥风险评估对食品安全监管的支撑作用。《规划》还将评估能力建设列入了重点建设项目，提出要改善国家级风险评估机构工作保障条件，通过有效措施吸引优秀专业人才，重点加强食品安全风险监测参比实验室、监测质量控制、风险监测数据采集与分析、评估预警技术研究与应用、信息技术应用、国际交流与合作等领域的能力建设。同时，食品风险评估中心建设还被列为"十二五"期间10项具体建设目标之一，明确要求"将国家级风险评估机构建设成为人才结构合理、技术储备充分、具有较强科学公信力和国际影响力的食品安全权威技术支持机构，能够全面承担食品安全风险监测、评估、预警和交流等方面的技术保障工作"。

（四）国家食品安全信息平台建设

《规划》提出建立功能完善、标准统一、信息共享、互联互通的国家食品安全信息平台。该平台由一个主系统（设国家、省、市、县四级平台）和各食品安全监管部门的相关子系统共同组成。主系统与各子系统建立横向联系网络，四级平台构成纵向联系网络。该平台将汇总收录并综合应用食品安全法律法规和标准信息、监测数据、评估数据、监管执法信息、电子追溯信息、食品生产经营者信息等，有关数据实时入网，及时查询使用，从而通过信息化手段促进各方信息共享、形成监管合力。各级平台将按照国家统一的技术要求设计。考虑到国家食品安全风险评估中心承担风险监测、风险评估、风险交流等方面的工作，并负责汇总、分析全国食品安全监测、评估等各种数据信息，与各部门、各地区开展频繁的数据信息交换，《规划》特别明确了“国家级平台依托国家食品安全风险评估中心建设”。

以上介绍的几个重点项目都与国家食品安全风险评估中心密切相关，且有些具体建设任务还要由中心直接承担。也真诚地希望中心认真学习领会、贯彻落实《规划》提出的任务，主动争取有关方面的支持、指导，积极推进这些重大项目的立项、审批和建设工作。

在国家食品安全风险评估中心成立一周年座谈会上的讲话

国务院副秘书长、国务院食品安全办主任　张　勇

2012 年 10 月 12 日

很高兴来参加国家食品安全风险评估中心成立一周年座谈会。借此机会，我代表国务院食品安全办，对国家食品安全风险评估中心成立一周年表示热烈祝贺！2011 年 10 月 13 日，国家食品安全风险评估中心正式挂牌成立，这是中共中央、国务院加强食品安全工作、强化食品安全技术支撑体系建设的重要决策，是全面贯彻落实《食品安全法》的重大举措。

2012 年 6 月，国务院印发了《国务院关于加强食品安全工作的决定》（以下简称《决定》），国务院办公厅印发了《国家食品安全监管体系“十二五”规划》（以下简称《规划》），这两份重要文件的出台，充分体现了中共中央、国务院对保障人民群众饮食安全的高度重视和对食品安全工作常抓不懈的坚强决心。下面，我结合这两份文件和食品风险评估中心的职责任务与未来建设，讲四点意见。

一、依法履职，稳步推进各项工作

食品安全标准技术管理、风险监测评估、事故应急救治、流行病学调查和食源性疾病防治是《食品安全法》赋予卫生部的法定职责。自《食品安全法》实施以来，作为国家食品安全风险评估中心的举办单位，卫生部积极努力、团结协作、克服困难，在食品安全工作中卓有成效。卫生部认

真贯彻国务院相关部署和2012年食品安全重点工作方案，在各项重点工作上取得很大进展。例如，完成了与国务院食品安全办相关职责交接，拟定了《卫生部实施〈中华人民共和国食品安全法〉办法》，制定发布了《食品安全国家标准“十二五”规划》以及公布86项新标准，办理了全国人大关于“加强食品安全风险监测评估体系建设”的重点建议，建立了风险监测结果部门会商机制，稳妥处置了伊利婴幼儿奶粉汞含量异常问题等突发事件，完成了今年“两会”和“全国食品安全宣传周”各项宣传工作等。特别是卫生部按照中央编办《国家食品安全风险评估中心组建方案》组建了食品风险评估中心，该中心的成立是实现食品安全“预防为主、科学管理”的重要保障。

做好食品安全风险监测、评估、交流、食品安全标准技术管理、应急处置等技术支撑工作是食品风险评估中心的重要职责。一年来，在卫生部的领导下，在相关部门的支持下，在理事会和中心全体同志的共同努力下，国家食品安全风险评估中心组建工作和业务工作有序开展，在较短的时间内取得了显著成绩。在此，我对举办单位卫生部、理事会成员单位、相关部门和机构对食品风险评估中心的关心、指导和支持，以及食品风险评估中心全体同志的辛勤付出表示由衷赞赏！这些工作一方面提升了我国的食品安全水平，同时也为下一步深入贯彻实施《决定》和《规划》奠定了坚实的基础。

二、充分认识《决定》和《规划》的重要意义

国务院印发的《决定》是党中央、国务院根据新的形势、新的情况出台的重大举措，对进一步加强食品安全工作作出了全面系统的安排部署。《规划》紧紧围绕“完善体制机制、加强基层建设、加大整治力度、提高监管能力、提升产业素质、动员社会参与”六个方面，为食品安全未来一段时期的工作描绘了清晰的路线图和时间表，即用3年左右的时间，有效

解决食品安全突出问题，用5年左右的时间，进一步完善我国食品安全监管体制机制、法规标准和检验检测体系等长效机制。

国务院办公厅印发的《规划》是我国第一个食品安全方面的国家级专项规划，要求全面推进法规和标准、监测评估、检验检测、应急管理、科技支撑、宣教培训、过程控制、进出口食品安全监管、综合协调、食品安全诚信等10大体系建设，并针对其中的薄弱环节和突出问题，全力抓好9个重点建设项目。

依照《食品安全法》，食品安全标准技术管理、风险监测评估、事故应急救治、流行病学调查和食源性疾病防治是卫生部的法定职责。依照中央编办《国家食品安全风险评估中心组建方案》，做好食品安全风险监测、评估、交流、食品安全标准、应急处置等技术支撑工作是食品风险评估中心的重要职责。《决定》和《规划》对这些工作提出了清晰的目标和明确的任务，这些工作技术性、专业性很强，任务艰巨，责任重大，压力也相当大。对此，大家要有清醒认识，要以高度的责任感、使命感全力投入到食品安全工作中，认真完成中共中央、国务院交给我们的任务。

《决定》和《规划》立足当前、着眼长远、目标明确、措施有力，是食品安全工作的纲领性文件。今后相当长一段时间，贯彻落实好《决定》和《规划》是食品安全战线上一项突出的重大任务。国家食品安全风险评估中心要在前期学习的基础上，继续深入领会两个重要文件的精神，全面理解和正确把握文件的实质和精髓。

三、以落实《规划》为抓手，突出能力建设这个中心任务

食品安全技术支撑是一项技术性、专业性很强的工作，加强能力建设是做好这项工作的基础。食品风险评估中心在食品安全标准、监测评估、检验检测、风险交流等方面的技术支撑能力，与《规划》提出的目标还有相当大的差距。比如，《规划》要求在“十二五”末完成现行食品标准清

理整合，涉及近5000项标准，任务十分繁重。制定食品安全国家标准是一项科学、复杂的系统工程，需要足够的投入，但我国目前在这方面的科研、人员、经费投入与欧盟差距很大。我国是食品生产大国、进出口大国，作为标准制定修订基础的风险评估能力还需要加强。食品污染和有害因素监测点、监测样本量和食源性疾病监测网络哨点医院和报告体系与《规划》要求相差很远。食品风险评估中心要围绕《规划》要求，抓好以下能力建设：

（一）标准能力建设

尽快清理整合现行食品相关标准，解决现行标准的重复、交叉、滞后等问题，提高食品安全国家标准的科学性，是当前食品安全标准工作方面的主要任务。要在“十二五”期间，基本完成现行食用农产品质量安全标准、食品卫生标准、食品质量标准和有关食品行业标准中强制执行标准的清理整合工作。同时要重点做好食品添加剂标准、食品包装材料标准、食品生产经营规范、餐饮服务环节食品安全控制标准、农药和兽药残留标准、致病微生物标准、食品污染物标准、检验方法标准和重点产品标准等的制定与修订工作。

（二）风险监测能力建设

逐步增设食品风险监测网点，扩大监测范围、监测指标和样本量，使风险监测逐步从省、市、县延伸到社区、乡村，覆盖从农田到餐桌全过程。其中，食品污染物和有害因素监测覆盖全部县级行政区域。针对监测资源分散的问题，要整合各部门监测资源，建立统一的国家食品安全风险监测体系，完善食品安全风险监测工作机制，建立统一的国家食品安全风险监测数据库，及时、完整收录食品污染物和有害因素、食源性疾病等监测数据、有毒有害物质及其毒理学数据和总膳食调查数据。

（三）风险评估能力建设

针对我国食品安全风险评估工作起步晚、底子薄的实际情况，要健全风险评估体系，强化风险评估人才队伍建设，建立科学有效的评估方法，完善评估制度和工作机制，充分发挥风险评估对食品安全监管的支撑作用。重点加强食品安全风险监测参比实验室、监测质量控制、风险监测数据采集与分析、评估预警技术研究与应用、信息技术应用、国际交流与合作等领域的能力建设。

（四）国家食品安全信息平台建设

建立功能完善、标准统一、信息共享、互联互通的国家食品安全信息平台。该平台依托食品风险评估中心建设，将汇总收录并综合应用食品安全法律法规和标准信息、监测数据、评估数据、监管执法信息、电子追溯信息、食品生产经营者信息等，从而通过信息化手段促进各方信息共享、形成监管合力。食品风险评估中心承担风险监测、风险评估、风险交流等方面的工作，负责汇总、分析全国食品安全监测、评估等各种数据信息，与各部门、各地区开展频繁的数据信息交换。

四、以落实《规划》为契机，推动食品风险评估中心建设

加强国家食品安全风险评估中心建设是《规划》“十二五”期间10项具体建设目标之一，明确要求“将国家级风险评估机构建设成为人才结构合理、技术储备充分、具有较强科学公信力和国际影响力的食品安全权威技术支持机构，能够全面承担食品安全风险监测、评估、预警和交流等方面的技术保障工作”。

要想完成这个目标，除了食品风险评估中心全体同志的加倍努力之外，卫生部和其他相关部门要继续为中心的建设提供必要的政策保障和资源

投入。

第一，在人才队伍建设方面，要尽快增加编制，引进高端人才；同时，在高级岗位配置、研究生培养资质等人才激励方面给予优惠政策，以利于食品风险评估中心构建人才梯队。

第二，在加大财政投入方面，要增加对食品风险评估中心食品安全标准、食品安全风险监测评估的工作经费和检验设备投入，尤其在国家食品安全风险监测的经费安排上，要建立统筹机制，体现食品风险评估中心在“统一计划制定、统一经费安排、统一组织实施、统一质量控制、统一结果分析”上的核心地位。

第三，在强化食品安全科技支撑能力方面，要加强食品安全学科建设和科技人才培养，加大食品安全技术支撑的攻关力度；要创新机制、积极培育，争取尽快在食品风险评估中心建成国家重点实验室，这是吸引人才、提高能力、建设高水平技术机构的重要基础。

第四，在基础建设方面，各相关部门要特事特办、大力扶持，为食品风险评估中心综合大楼的选址、征地和基建立项等工作提供支持和帮助。

食品风险评估中心要按照《决定》和《规划》要求，围绕我国食品安全监管工作对技术支撑的需求，明确工作目标，做出具体安排，稳步推进风险监测、评估、交流、食品安全标准制定、应急处置等各项业务工作。尤其在党的“十八大”即将召开之际，为食品安全监管做好技术支撑工作更具有特殊的重要意义，这也给食品风险评估中心全体同志提出了更高、更严的要求。

同志们，我们要按照国务院的统一部署，以保障食品安全为己任，树立高度的责任感和使命感，进一步增强大局意识，以贯彻落实《决定》和《规划》为契机，切实提升食品安全技术支撑能力，认真履行各项职责，完成各项工作任务，以实际行动迎接党的“十八大”胜利召开！

在国家食品安全风险评估中心成立一周年座谈会上的讲话

农业部副部长、国家食品安全风险评估中心副理事长　陈晓华

2012 年 10 月 12 日

很高兴参加国家食品安全风险评估中心成立一周年座谈会。首先，我代表食品风险评估中心理事会，也代表农业部对中心成立一周年表示热烈祝贺！成立一年来，食品风险评估中心紧紧围绕食品安全技术支撑工作，从食品安全标准制定修订、风险监测、风险评估和风险交流，到自身能力建设等方面做了大量卓有成效的工作。在此，我代表食品风险评估中心理事会向中心的全体同志表示亲切的慰问，向大力支持食品风险评估中心工作的各部门和单位表示诚挚的感谢！受理事会委托，跟大家交流几点意见。

一、充分肯定一年来国家食品安全风险评估中心建设和业务开展取得的成绩

食品风险评估中心成立以来，在理事会的监督指导下，在各有关部门的大力支持下，通过同志们的共同努力，按照“边组建、边工作、边规范”的指导思路，求真务实，开拓创新，各项工作进展顺利。

第一，通过建章立制，完善理事会议事规则，同时加强和优化了内部管理体系，为充分发挥理事会决策监督作用以及依法履职奠定了坚实的基础。

第二，监测和评估工作逐步进入规范化、制度化和科学化的发展阶段。

食品风险评估中心对风险监测结果的科学研判、及时报告，为提高我国食品安全监管工作水平和能力，防范食品安全系统性风险发挥了积极、有效的作用。组织实施的一系列常规和应急风险监测和评估，为我国食品安全标准制定修订及确定食品安全整治重点提供了重要的科学依据，为管理部门稳妥部署管理措施提供了科学的政策建议。

第三，协助研究制定食品安全国家标准“十二五”规划，并完善食品安全标准管理制度，积极参与国际标准工作，稳妥处理现行食品标准间交叉、重复、矛盾等问题，为加强我国食品安全标准体系建设，促进我国食品安全标准与国际标准同步发展发挥了重要作用。

第四，积极参与全国食品安全宣传周活动，多次组织中心开放日，主动与公众和媒体进行交流，向媒体和大众宣传食品安全知识，积极回应社会关注热点，正确引导舆论。

第五，成立卫生部食品安全风险评估重点实验室，为食品风险评估中心的业务发展提供科学保障，为骨干人才培养提供平台。在“地沟油”专项整治工作中，为确定“地沟油”初筛检测方法和技术指标提供了技术支持。

第六，广泛开展国际交流与合作，成立国际顾问专家委员会，召开国际食品安全风险评估研讨会。这是建设高水平食品安全风险评估机构、提升食品风险评估中心国际影响力的重要举措。

回顾一年来的工作，大家欣慰地看到，食品风险评估中心是一支团结奋进的队伍、是一支能打硬仗的队伍，同志们有大局观、有执行力、有可贵的奉献精神！所取得的成绩为今后食品风险评估中心的发展奠定了坚实的基础，应予以充分肯定。

二、进一步认清食品安全风险评估工作面临的形势，切实增强工作责任感

中共中央、国务院历来高度重视食品安全工作，制定实施了一系列强

有力的政策措施，在有关部门和全社会的共同努力下，食品安全状况不断改善，总体形势趋于好转。同时也应当看到，我国还是一个发展中国家，整体的食品安全水平，包括食品安全技术支撑、食品生产的工业化水平以及监管水平都与发达国家有一定的差距。随着人民群众生活质量的提高和食品工业的快速发展，食品安全形势依然严峻，任务十分艰巨。

具体到食品风险评估中心来说，虽然成立一年来取得了长足的进步，但也要清醒地认识到，食品安全技术支撑工作任重而道远，与中共中央、国务院的要求和人民群众的期望相比，我们的工作还存在一定的差距。

第一，虽然我国的食品污染物和有害因素以及食源性疾病监测网络已初步建立，并逐步在监管中发挥重要作用，但监测点数量、监测样本量和疾病监测哨点医院数量距“十二五”规划目标还有很大差距。

第二，风险评估理论与方法的研究还比较薄弱，专业技术人员不足，基础数据储备仍然不充分，适用于风险评估的膳食消费量数据及污染物含量数据尚不健全。风险评估的危害识别能力不强，我们自主研发和积累的毒性评价数据不足。

第三，从大环境上看，我国食品安全基础条件仍然薄弱，一些生产经营企业管理水平不高，客观上存在发生重大公共卫生安全事件的隐患和风险，但我们目前针对这种食品生产过程的风险评估及控制技术的研究不足。

第四，食品安全国家标准的基础性研究滞后，跟踪、借鉴和采用国际食品法典标准的能力还有待提高，特别是食品安全标准社会关注程度高，风险交流还需进一步加强。

第五，公众食品安全意识和食品安全基础知识水平仍需提高，食品安全科普宣传力度亟待加大。

第六，食品安全信息化建设滞后。食品安全风险监测评估信息报告系统还不完善，多部门共享的国家食品安全风险监测数据库和交换平台尚未建立。

食品安全责任重于泰山。面对这样的形势和挑战，我们既要正视困难，增强忧患意识，查找不足，切实履行职责；更要增强紧迫感和使命感，以对人民群众高度负责的态度，找准工作着力点和切入点，不断推进食品安全技术支撑工作。

三、全面落实国务院要求，全方位、有重点提升食品安全技术支撑能力

不久前，国务院印发了《国务院关于加强食品安全工作的决定》和《国家食品安全监管体系“十二五”规划》两个文件，提出了今后几年食品安全工作的总体思路和工作目标，这为食品风险评估中心的建设与发展提供了良好的机遇。

食品风险评估中心要以此为契机，不断加强自身能力建设：

第一，提高协调配合能力。建立与各理事会单位、相关部门的良好工作关系，努力探索完善理事会决策监督下的新型工作模式。积极争取中央编办、发展改革委、科技部、财政部、人力资源和社会保障部等有关部门支持，增加编制，加快人才队伍建设，尽快启动综合大楼建设相关工作。

第二，提高食品安全技术研发能力。要充分发挥国际顾问专家委员会和卫生部食品安全领导小组技术专家组的作用，发挥国家食品安全风险评估专家委员会和食品安全国家标准审评委员会的作用，吸收、借鉴国内外先进科学技术和管理经验，取百家之长为己所用，培育政府食品安全监管的参谋团与智囊库，提高我国食品安全科技自主创新能力和水平。

第三，提高食品安全技术资源整合能力。要加强与相关部门和地方的专业技术机构的联系、合作与交流，着手规划建设食品安全风险评估分中心，逐步建立起以国家食品安全风险评估中心为“龙头”，相关专业技术机构分工协作的食品安全技术支撑体系。

在加强自身能力建设的同时，要按照《决定》和《规划》的目标要

求，重点抓好以下业务工作：

第一，加强食品安全风险监测工作。尽快构建食源性疾病主动监测体系，指导各省建立食源性疾病监测与溯源平台，提高发现食品安全隐患的能力。提高风险监测数据的评价分析水平，加快建立食源性疾病监测信息共享机制，及时对食品污染物和有害因素、食物中毒报告、食源性传染病监测、疑似食源性异常病例及异常健康事件报告和食源性疾病主动监测等信息进行汇总分析，做到食品安全隐患“早发现、早预警、早处置”。深入开展风险监测技术培训，不断提升各级食品安全风险监测技术机构的水平和能力。完善风险监测数据报送网络和报送方式，提高报送时效性，促进数据在各部门间的共享、共用。

第二，加强食品安全风险评估工作。进一步健全风险评估制度，完善工作机制和程序。大力开展风险评估基础研究工作，探索建立适合我国国情的风险评估模型和方法。开展食品添加剂新品种及食品相关产品新品种上市前风险评估，进一步严格市场准入制度；探索开展食品生产全过程的系统性风险评估，扩大风险评估在风险管理中的技术支撑作用。

第三，加强食品安全标准制定修订工作。强化审评委员会秘书处职责，做好标准制定修订组织协调工作，要本着“公开透明、科学合理、广泛参与”的原则，改进食品安全国家标准审评制度，吸收社会各方力量参与标准制定工作。协助卫生部尽快完成现行强制执行标准的清理整合工作，加快重点品种、领域的标准制定修订工作，充实完善食品安全国家标准体系。加强与国家食品安全风险评估专家委员会和农产品质量安全风险评估专家委员会的沟通与协调。加强国际食品标准的跟踪研究。

第四，加强食品安全风险交流工作。加快完善风险交流机制。结合《食品安全宣传教育工作纲要（2011～2015年）》的要求，将风险交流工作常态化和专业化。紧密配合各食品安全监管部门进行及时、科学和准确的风险交流工作。重点对依法公布的食品安全风险监测、评估、标准等信息，开展相应的风险交流。做好舆论引导工作。提高舆情监测和研判的主动性，充分利用多种宣传方式，及时回应社会关切，科学传递食品安全信息，达到主动引导舆论、促进社会稳定的效果。

第五，加强食品安全实验室能力建设。实验室工作是食品安全风险监测、评估、交流、标准制定修订等各项工作的基础，基础不好，其他工作就成了“空中楼阁”，因此一定要把实验室建设作为重中之重，不断加强食品安全理论和基础研究，更好地提高我国食品安全技术支撑能力。要加强食品安全风险评估重点实验室建设，加强与中国科学院等单位的合作，推动食品安全联合研究中心建设，进一步探索跨部门的科研合作与运行模式。加强食品安全科学研究，重点开展食品安全监测技术和方法研究以及食品安全预警溯源平台技术开发。加强食品安全风险监测参比实验室建设，为食品安全风险监测工作提供技术支持。加强食品毒理学实验室能力建设，健全食品毒理学评价方法和技术，逐步提高危害识别和危害特征描述的能力。积极对我国特有的污染物及有害因素如稀土等，开展全面的毒理学安全性评价，不断积累资料，为下一步系统开展风险评估提供基础数据。

第六，加强食品安全信息平台建设。《规划》将信息化平台建设列为“十二五”规划重点建设项目，并明确要求“国家级平台依托国家食品安全风险评估中心建设”。下一步要加强信息化建设的顶层设计，按照分步实施、逐步融合的原则，整合现有信息资源，建立国家级食品安全信息化平台，形成多部门数据互通和共享的网络平台。要加强信息平台软件及硬件建设，进一步完善食品安全风险监测网络。完善食品安全舆情分析系统，对网络舆论进行有效的监测，逐步开展国内外食品安全舆情数据收集与分析，掌握全球食品安全舆论走向。整合“有毒有害物质及毒理学数据库”、“食品污染物及有害因素监测数据库”、“食物消费量数据库”和“风险评估模型”，构建国家食品安全风险评估操作系统，提高风险评估的信度和效度。

在此，我想再简单介绍一下农产品质量安全风险评估工作。近年来，在各部门的支持下，农业部按照《中华人民共和国农产品质量安全法》及有关法律法规要求，初步构建了以国家农产品质量安全风险评估机构为龙头、风险评估实验室为主体、主产区风险监测实验站为基点的农产品质量安全风险评估体系，全面推进了农产品质量安全风险监测和风险评估工作，取得了积极成效，为农产品质量安全监管工作提供了强有力的支撑。今后，农产品质量安全风险评估工作将进一步做好与食品安全风险评估工作的衔接，加强协调与配合，为提高风险评估工作水平共同努力。

食品风险评估中心还是一个新机构，特别需要得到各方面的关心、支持和指导。食品风险评估中心理事会将在食品风险评估中心发展、能力建设和重大事项管理等方面发挥好决策监督作用。在此，我们诚恳地希望中央编办、国家发展改革委、科技部、财政部、人力资源和社会保障部，以及各有关部门一如既往地关心和支持食品风险评估中心的建设和发展。同时，也希望卫生部食品安全工作领导小组技术专家组的专家们全力支持和指导食品风险评估中心开展业务工作，共同为食品安全科学监管提供技术支撑。相信在大家的努力下，食品风险评估中心一定能建设成为具有科学公信力和国际影响力的食品安全权威技术机构，为全面提升食品安全水平做出新的贡献！

最后，希望食品风险评估中心的全体同志以中心成立一周年为新的起点，振奋精神，再接再厉，努力开创食品安全技术支撑工作新局面！

国家食品安全风险评估中心
2012年工作总结

国家食品安全风险评估中心主任　刘金峰

2012年12月6日

2011年10月13日，国家食品安全风险评估中心正式成立。

一年多来，在理事会的监督指导下，在卫生部相关司局的悉心指导和相关单位的大力支持下，食品风险评估中心全体干部职工积极努力，按照卫生部党组提出的“边组建、边工作”的要求，组建工作有序开展，业务工作平稳推进，积累和新承担了大量的技术支持任务，在风险监测、评估、预警、交流和食品安全标准制定修订等方面为政府提供了有效的技术支撑。

现将食品风险评估中心成立一年多来，特别是今年的组建及业务工作简要总结如下：

一、机构与工作机制建设

（一）完成内部机构设置

根据职责要求，设置职能部门、风险评估业务部门、食品安全标准部门和技术支持部门四个单元。职能部门包括综合处·党办、人力资源处、规划财务处、科教与国际合作处、条件保障处、纪检监察室·审计处；风险评估业务部门包括风险监测与预警部、食源性疾病监测部、风险评估一部、风险评估二部、风险交流部、应急与监督技术部、理化实验部、毒理实验部、微生物实验部等部门；食品安全标准部门包括食品安全标准一、二、三部；技术支持部门包括质量控制办公室、资源协作办公室、信息技术部；同时设立国家食品安全风险评估专家委员会秘书处和食品安全国家标准审评委员会秘书处。

（二）初步建立工作流程和工作机制

已与卫生部办公厅、人事司、规划财务司、国际合作司、科技教育司、卫生监督局等有关司局建立了联系沟通机制。特别是与卫生部监督局多次沟通、交流、协商，联合制定双方工作衔接机制。按照分工明确、工作规范、协商沟通、衔接顺畅、形成合力的基本原则，双方在食品安全标准、风险监测评估与预警、事故管理及应急处置、风险交流及宣传培训等方面进行了职责分工，确定了工作例会和协商机制。

（三）初步建立理事会工作程序

协助组织食品风险评估中心理事会 2012 年全体会议。会议听取了中心组建工作进展及下一步工作安排、2012 年重点工作等汇报。会议对 2012 年重点工作、尽快启动中心基建立项申请、启动食品安全风险评估分中心建设、建立理事会议事规则和工作程序等提出了要求。

成立理事会秘书处，承担理事会日常工作，组织起草《国家食品安全风险评估中心理事会议事规则》。议事规则共 16 条，包括理事会秘书处、理事会会议、工作简报、档案保存与保密等内容，征求全体理事会成员意见后印发。

协助中央编办开展法人治理结构调研，研究探讨创新管理体制和运行机制；参与中央编办组织的欧洲食品安全与公共卫生专题考察，了解相关国家食品安全监管立法、机构设置、人员编制、具体职能、体系建设等内容，为我国全面加强食品安全技术支撑体系建设提供借鉴。

加强与理事会成员的交流，编印《国家食品安全风险评估中心工作简讯》，邀请理事会成员参与食品风险评估中心公众开放日活动、“炊具锰迁移对健康影响有关问题”媒体风险交流会、“铬超标胶囊对健康影响”专题研讨会、卫生部办理人大重点建议调研活动、世界卫生组织总干事陈冯富珍女士访问、中心成立 1 周年座谈会等重大活动。加强与理事会成员单位的协作，协助国务院食品安全办拍摄食品安全专题电视片，建立理事会专家顾问制度。

（四）建立健全各项工作制度，形成内部工作机制

按照部党组提出的“边组建、边工作”的要求，在实际工作中先期实行中心组建工作组办公室和中国疾病预防控制中心营养食品所“双轨制”运行模式和工作机制，2012 年 7 月后，中心各部门中层干部陆续到岗到位，各项工作顺利开展。

通过建章立制加强和优化内部管理体系，建立健全各项工作制度和工作程序。截至 2012 年年底，已经颁布试行了会议、公文、人事、财务、资产、采购、科研、外事、研究生、档案、实验室安全、安全、综合、党群等十余类共 70 余项制度，规范了公文运转、请示报告、印章使用、科研外事、资产采购、财务报账、监察审计等工作程序，各部门工作有序推进。

（五）继续做好综合治理，各项工作再上新台阶

良好安全的环境，是做好一切工作的前提。食品风险评估中心始终坚持“稳定保科研、安全保效益”的指导思想，不仅在思想上重视综合治理工作，而且通过加强组织建设、逐级签订责任书、修订补充应急预案、采取多种形式加强宣传教育、强化安全检查等多项具体措施，提高了职工群众群体防范意识和防范能力，为食品风险评估中心各项工作的正常开展提供了有力保障。为了确保工作安全，提高职工安全意识，多次对各部门进

行安全检查，清除隐患，督促各部门积极配合做好防火、防盗工作。在重大节日、重大活动期间加强安全管理和值班制度，提高职工防范意识与防范能力。严格交通安全管理，对机动车驾驶员及职工进行交通安全教育，通过知识答题等形式强化交通安全意识，普及消防知识。

二、人才队伍建设

在卫生部人事司的指导下开展了人员划转、高校毕业生公开招聘、中层管理人员公开竞聘、主任助理民主推荐等工作。

（一）完成人员划转

在中国疾病预防控制中心的大力支持下，食品风险评估中心人才队伍建设进展顺利。原中国疾控中心营养食品所从事食品安全专业人员以及部分职能部门人员共151人划转至食品风险评估中心。这些专业人员的顺利划转保证了食品风险评估中心各项业务工作的平稳过渡，保证了各项工作的连续性和稳定性。

（二）开展高校毕业生公开招聘

按照卫生部要求，制定了2012年高校毕业生招聘计划。在网上公开招聘信息，有1100多人报名应聘。经过初筛，组织了400多人参加考试。经笔试、面试、考核、体检、政审等程序，经中心党政联席会研究确定，共录用24人，其中博士后1人，博士7人，硕士12人，本科4人。

（三）聘任总顾问、首席专家、主任助理、中层干部

建立了总顾问和首席专家制度。聘任技术总顾问1名、首席专家1名。

根据工作需要，经卫生部人事司批准，通过民主推荐、组织测评等程序，任命了两名中心主任助理。

围绕卫生部和中心组建工作要求，严格干部选拔任用工作程序和要求，制定中层干部公开招聘方案、条件，通过公开招聘、竞聘面试、任前公示、民主推荐、组织测评等方式，任命了21个部门的33名中层管理干部，其中正处级干部5名，副处级干部28名，初步完成了中层干部队伍建设。

（四）重点开展高层次人才引进

按照部领导和理事会关于加强人才队伍建设的有关指示，结合国家食品安全技术支持工作对高层次人才的需求，制定了高层次人才引进计划方案，在《自然》（NATURE）、《科学》（SCIENCE）等国外杂志刊登广告，在《人民日报海外版》、《健康报》、《中国食品卫生杂志》和中国卫生人才网等国内报纸、杂志和网站刊登招聘信息，收到20多份海内外应聘者简历，经专家对应聘者进行初审，初步筛选出符合条件的3名求职者作为首批人才引进对象。

（五）协助卫生部人事司加强中心领导班子建设

积极协助卫生部人事司组织开展了中心副主任竞争上岗面试和中心党委副书记兼纪委书记的民主选举。

三、自身能力建设

（一）新租用办公楼正式启用

经多方调研、考察，确定租用原北京市制浆造纸试验厂新建科研楼。装修和办公家具采购到位后，已正式启用。

（二）卫生部食品安全风险评估重点实验室建设

在卫生部科技教育司的指导下，按照统一规划、分步实施的原则，提出卫生部食品安全风险评估重点实验室建设方案。2012 年 7 月 12 日，卫生部科教司组织了专家评审；7 月 18 日，正式批复成立卫生部食品安全风险估评重点实验室。经过一段时间的运行和优化后将申报国家重点实验室。

（三）获得食品检验机构资质认定证书

2012 年 8 月 6 日，国家认证认可监督管理委员会（简称国家认监委）组织了食品风险评估中心食品检验机构资质认定现场确认。2012 年 8 月 30 日，食品风险评估中心获得食品检验机构资质认定证书。

（四）积极开展信息化平台建设

研制国家食品安全风险监测和评估信息化建设方案，建立国家食品安全风险评估中心网站，构建食品安全信息平台的硬件基础设施，协同办公系统（OA）正在调试中，将整合监测、标准等信息系统，增加评估、交流和舆情监测内容，综合考虑门户网站和协同办公系统建设，形成食品风险评估中心信息化平台。

四、食品安全技术支撑业务能力建设

在理事会的决策监督和卫生部的具体指导下，食品风险评估中心紧密围绕《国家食品安全风险评估中心章程》确定的工作职责，认真落实《关于加强食品安全工作的决定》（以下简称《决定》）、《国家食品安全监督体系“十二五”规划》（以下简称《规划》）要求，夯实食品安全技术支撑业务工作的基础，加大自身能力建设力度，注重将食品安全风险监测、风险评估、风险预警、风险交流及食品安全标准技术管理等核心业务工作进行串联、协调和整合，使之成为有机整体，有效推进各项业务工作开展，为政府食品安全管理提供了有力的技术支撑。

（一）推进食品安全风险监测工作

食品风险评估中心成立以来，在原有工作基础上，巩固了成果，增强了能力，提高了水平，在国家食品安全风险监测体系中发挥技术“龙头”作用。

第一，开展风险监测相关技术工作。参与研究提出监测计划，制定质量控制方案，组织开展各种培训和考核工作，汇总分析监测信息，编制监测报告，科学研判监测中发现的食品安全问题，及时报告食品安全隐患，为评价我国食品安全整体状况，提高我国食品安全监管工作水平和能力，防范食品安全系统性风险方面发挥了积极、有效的作用。对食品中重金属和有害元素、农药残留、兽药残留、环境污染物、真菌毒素、食品添加剂、非法添加物质、食品加工过程中形成的有害物质及食源性致病菌等100多项指标进行监测。全国共设置化学污染物和食品中非法添加物以及食源性致病微生物监测点1196个，覆盖全国100%的省份，73%的地市和25%的县级地区。

第二，协助卫生部建立健全风险监测相关制度。研究起草了《食品安全风险监测管理办法》、《食源性疾病监测管理办法》、《食品安全风险监测参比机构管理规范》等相关制度，提出了全国食品安全风险监测技术机构建设规划，使风险监测工作逐步进入规范化、制度化和科学化的发展阶段。

第三，积极探索开展食源性疾病监测。研究制定并组织实施全国食源性疾病主动监测计划，初步建立了食源性疾病监测与溯源系统和全国食源性疾病监测网络。

第四，及时开展应急监测。针对食品安全突发事件、社会关注问题，协助卫生部制定应急监测方案并组织实施。组织开展了食品中塑化剂、主要使用明胶食品中铬污染、婴幼儿配方食品中汞污染、调味品的应急专项监测，为监管部门及时妥善处置各种食品安全突发事件提供了技术支撑和判定依据。例如，在铬胶囊污染事件中，协助卫生部组织开展主要使用明胶食品中铬的污染应急监测，在1周时间内获得了1067份食品中铬的污染数据，为及时了解重点食品中铬的污染状况、评价工业明胶流向食品加工和餐饮消费环节情况提供可靠线索。

（二）食品安全风险评估工作取得成效

食品风险评估中心作为国家食品安全风险评估专家委员会秘书处挂靠单位，在委员会的指导下积极开展风险评估工作，取得了显著成绩。

第一，认真组织实施优先风险评估项目，为制定和修订食品安全标准提供科学依据。食品风险评估中心组织开展了食品中镉、铝、反式脂肪酸、沙门氏菌等十余项优先风险评估项目。特别是食品中镉风险评估项目对大米镉限量标准值的科学性和高镉地区居民暴露水平进行了反复研究，全面评价了我国居民通过大米、蔬菜等食品摄入镉的健康风险，为合理确定大米镉限量标准值提供了坚实的科学依据。食品中铝风险评估项目对中国居民摄入铝的健康风险进行了系统评估，提出了修订含铝添加剂的使用标准、积极研制含铝添加剂替代品、严厉打击超范围和超量滥用含铝添加剂的行为等监管建议，促使食品安全国家标准审评委员会根据评估结果修订含铝食品添加剂标准。

第二，及时开展应急风险评估，为有关部门处置食品安全事故和应对媒体关注事件提供技术支持。食品风险评估中心对2011年国家食品安全风险监测结果进行了评估，相关工作情况向国务院报告并通报各地和有关部门。对不锈钢炊具中锰、明胶食品及药用胶囊中铬、伊利婴幼儿配方食品中汞、牛奶中黄曲霉毒素、白酒中邻苯二甲酸酯，以及稀土元素、塑化剂、“瘦肉精”、苯并芘、阪崎肠杆菌、普洱茶中黄曲霉毒素、转基因黄金大米等各类食品安全隐患开展了应急风险评估，提出了隐患处置建议并通报相关部门，为确定食品安全整治重点提供科学依据。

第三，协助卫生部制订《食品中可能违法添加的非食用物质和易滥用的食品添加剂品种名单》（即“黑名单”），并组织开展酸性橙Ⅱ、硫氰酸钠、罂粟壳、β－内酰胺酶等黑名单物质的检验方法验证工作，撰写可能违法添加的非食用物质的毒性说明，为配合全国食品安全整顿工作，严厉打击食品中非法添加行为提供了线索和科学依据。

第四，结合实际，不断完善风险评估制度。食品风险评估中心根据工作需要起草了《食品安全风险评估工作指南》、《食品安全风险评估报告撰写指南》和《食品安全风险评估数据需求和采集要求》等5个技术性文件，正在建立毒理学关注阈值（TTC）评估方法，启动食品安全膳食调查。这些工作是规范风险评估程序，提升风险评估能力的基础。

（三）扎实做好食品安全标准的制定、修订工作

食品风险评估中心作为食品安全国家标准审评委员会秘书处、中国食品法典委员会秘书处、国际食品添加剂法典委员会主持国秘书处和卫生部WTO/SPS通报评议机构挂靠单位，积极为卫生部的食品安全标准工作提供技术支撑。

第一，协助卫生部完善标准管理各项制度。秘书处组织编制了《食品安全国家标准工作程序手册》，规范了食品安全国家标准制定、修订各环节的程序和要求，细化了委员会会议程序和议事规则，明确了食品安全风险评估在标准制定、修订中的原则等。《程序手册》已经在首届食品安全国家标准审评委员会第七次主任会议上原则通过，将为规范食品安全国家标准审评委员会各项活动、提升食品安全国家标准管理水平提供保障。

第二，协助卫生部制定落实食品标准“十二五”规划和年度制定修订计划，加快食品标准清理整合，有序组织标准审评工作。通过乳品标准、基础标准清理工作的开展和年度计划的落实，提高制定修订食品安全国家

标准的能力和水平。组织召开标准审评委员会会议15次，审查通过食品安全国家标准100余项，其中88项已经批准发布。完成了GB 2762—2012《食品污染物限量标准》、GB 14880—2012《营养强化剂使用标准》等重要标准的制定、修订。完成了3000余种食品包装材料用物质的清理，筹备启动对5000余项食品标准的系统清理工作，力争用3年的时间，解决食品标准交叉矛盾的问题。

第三，把握有利条件，积极跟踪和借鉴国际标准，参与食品安全标准的国际事务。食品风险评估中心派员参加国际食品法典委员会各种活动，中心专家积极组织国际食品添加剂法典委员会会议、承担亚洲区域执委，参与世界贸易组织卫生与植物卫生措施（WTO/SPS）委员会例会，加强与亚洲地区其他国家的沟通协作，拓展与其他法典成员和WTO成员的合作交流平台。食品风险评估中心通过深入参与国际标准工作，扩大我国的国际影响力，促进我国食品标准与国际标准同步发展。

第四，广泛开展食品安全国家标准宣贯培训，加强标准宣传解读和解疑释惑。秘书处开设“食品安全标准”官方微博，第一时间发布标准工作的最新动态，并及时与公众就热点问题互动，提高了标准工作的公开透明度。秘书处还通过起草标准实施问答、召开座谈会、举办培训班等多种方式向公众介绍食品安全标准制定修订情况。

第五，食品添加剂新品种评审。食品添加剂行政许可工作是卫生部委托食品风险评估中心承担的一项重要工作。至2012年12月底，共收到食品添加剂新品种申报近200份，共受理113份，提出补正资料意见80余份。食品风险评估中心及时公开征求意见，汇总、整理后提交食品添加剂评审会；组织召开了五次食品添加剂新品种评审会，完成98种食品添加剂新品种的技术审查工作；多次组织相关专家完成乳酸钙在果冻中应用的工艺必要性、二氧化硫在魔芋生产中的工艺必要性和硫酸亚铁在臭豆腐中使用的工艺必要性的现场核查工作。

（四）开展食品安全科普宣教和风险交流

第一，建立健全风险交流制度。起草了《食品安全舆情处置工作规定》，建立了新闻发言人制度和舆情研判工作会议制度。

第二，主动与公众和媒体进行交流，利用多种形式向媒体和大众宣传食品安全知识。针对“不锈钢锰超标”、“可乐致癌”、“工业盐制酱油”、“转基因黄金大米”等社会各界关注的热点问题，采用新闻发布、媒体沟通会、新闻稿、媒体采访等多种形式发布权威信息，积极回应社会关注，正确引导舆论。

第三，配合开展大型食品安全宣传活动。食品风险评估中心协助国务院食品安全办、卫生部等部门组织完成“3·15”专题系列节目和全国食品安全宣传周活动。

第四，定期举办开放日活动。为加强与公众的沟通与交流，更好地传播食品安全科学知识，食品风险评估中心定期举办开放日活动。2012 年 6 月 15 日，配合“食品安全宣传周”，组织了食品风险评估中心开放日活动。7 月 31 日举办了“食品安全标准面对面”开放日活动。10 月 23 日举办了主题为“科学评估健康生活”的开放日活动。12 月 18 日举办了食品安全风险监测相关开放日活动。通过组织这些活动，既传播了食品安全科学知识，也提升了食品风险评估中心的公众形象。

（五）加强科学研究

食品风险评估中心在已有技术基础上加强食品化学、食品微生物和食品毒理学的科研能力建设，进一步提升中心的技术支撑和履职能力。

第一，成立卫生部食品安全风险评估重点实验室。重点实验室为中青年拔尖人才的培养和创新团队的培育提供了平台，为我国食品安全风险监测、溯源与预警、评估、交流以及标准制修订提供更加有力的技术支撑。

第二，为应急事件提供技术保障。在“地沟油”专项整治工作中，积极协助卫生部开展相关工作，承担地沟油检测方法征集与评价，初步遴选出4个仪器检测方法和3个现场快速检测方法作为检测“地沟油”的组合筛选方法，为确定“地沟油”检测方法和技术指标提供了技术保障。在婴幼儿食品汞含量异常事件中，应甘肃省疾病预防控制中心要求，食品风险评估中心承担了监测结果的验证复核，及时提供复核结果，并提供了汞异常样品的总汞和甲基汞检测结果，为事件的判定及健康危害的评价提供了可靠依据。

第三，继续做好在研课题研究工作。目前食品风险评估中心共承担二十余项在研课题，包括国家自然科学基金12项、科技部项目10项、农业部项目2项、国务院食品安全办项目2项等。

第四，努力提升基础性研发能力。研究开发新食品污染物的检测方法，参加国际比对考核，取得优秀成绩。充分开展转化毒理学研究，在我国食品毒理学安全性评价领域处于权威地位。积极申报各种科研奖项，其中多个项目获奖，如《食品微生物检验总则和分级采样在安全标准中的应用》获得2012年中国食品科技学会科技创新奖技术进步一等奖、《化学污染物分析技术与暴露评估及其食品安全监控标准》获得2012年中华医学科技奖二等奖、《食品污染监测与控制技术——理论与实践》获得中国石油和化学工业联合会科技进步奖“二等奖”。

（六）广泛开展国际交流，扩大国际影响，学习和借鉴国际先进经验

食品风险评估中心成立以后，积极开展国际交流，先后接待了世界卫生组织总干事陈冯富珍女士、德国联邦卫生部副部长、加拿大卫生部助理副部长、亚太经济合作组织（APEC）食品安全风险评估专家组等多批友好人士来访，与德国联邦风险评估研究所签订了合作协议，组织了中欧、

中澳、中德食品安全风险评估国际研讨会和培训班，先后派出近百人次技术骨干赴美国、加拿大、德国、西班牙、荷兰、意大利等国家进行短期学习和培训，派员赴德国联邦风险评估研究所、美国马里兰大学、澳新食品标准局进行考察，学习国际上食品安全风险评估领域的新技术、新方法和先进经验，努力提高风险评估和风险交流能力和水平。成立国际顾问专家委员会，组织召开国际风险评估研讨会，搭建了国际交流平台，为提高我国食品安全风险评估技术水平，提升食品风险评估中心在国际上的影响力发挥积极作用。

（七）积极开展其他技术支持工作

食品风险评估中心承担首届全国卫生监督技能竞赛的实验室食品盲样考核、食品安全风险监测专业竞赛题库组建及竞赛专家组等工作，发挥了重要的技术支持作用，为竞赛的圆满成功奠定了坚实的专业基础，受到了竞赛组委会的肯定。

食品风险评估中心作为中华预防医学会食品卫生分会、卫生检验专业委员会，中国卫生监督协会食品安全监测评估与标准技术专业委员会，中国毒理学会食品毒理学专业委员会，中国微生物学会微生物毒素专业委员会的挂靠单位，积极发挥专业优势，组织相关专业咨询、培训、研讨等活动。

五、困难与不足

（一）期望高、任务重

食品风险评估中心正式成立后，各方面的期望和要求高，积累和新承担了大量的技术支持任务。《决定》和《规划》的分工任务中，涉及食品风险评估中心的有32项之多。据不完全统计，2012年中心共接收卫生部、国务院食品安全办、农业部、商务部、质检总局、食品药品监管局、中国科学院等部委和单位各类文件900余份，其中涉及事项近1000项，约70%是食品安全技术支持业务工作事项。平均每个工作日接近4项，其中大多数任务的时限性很强，工作压力大、任务重。亟须政策和资源保障，增加编制，引进人才，改善待遇，激励队伍。

（二）要尽快完善党群组织建设，加大文化建设力度

截至2012年12月，食品风险评估中心党群组织建设仍在筹备中，为更好地贯彻落实党的十八大精神，更好地为食品风险评估中心发展保驾护航，应尽快完成党群组织建设工作。

食品风险评估中心文化建设，特别是组织职工学习和践行社会主义核心价值观亟待加强，职业精神的凝练、精神文明建设等相关工作的开展还不够系统、全面。要通过联系实际深入学习探讨，凝聚共识，形成知荣辱、讲正气、做奉献、促和谐的良好工作氛围。

（三）要进一步健全工作体制，梳理工作程序

在加强制度建设的同时，积极争取事业单位法人治理结构试点单位扶持政策，探索建立多方合作、共建共享工作体制，优化工作程序，提高工作效率。

六、2013年工作计划

2013年是食品风险评估中心建设和发展的关键之年。《决定》和《规划》对我国的食品安全工作做了部署，也对食品风险评估中心今后若干年的工作提出了明确要求。党的十八大把科学发展观作为党的指导思想，为食品风险评估中心的科学发展指明了方向。食品风险评估中心将在理事会的决策、监督下，在卫生部的管理、指导下，认真学习贯彻党的十八大精

神，践行科学发展观，按照《决定》和《规划》的要求，紧密围绕“为保障食品安全提供技术支撑”的宗旨，认真履职，团结协作，力争取得更加显著成绩。

（一）加强食品安全风险评估中心自身能力建设

1. 争取扩充人员编制，调整内部机构设置，完善组织架构

积极协调中央编办等部门，根据食品风险评估中心实际工作需要，结合其他国家食品安全风险评估机构组建的经验，尽快申请扩充人员编制到400人。

积极协调整合内部资源，按照工作需要，调整内部机构设置和人力资源分配，完善组织架构。

积极推动设立国家食品安全标准中心（一个机构两块牌子）。

2. 加强信息平台建设，探索构建多部门共享的信息平台

推进食品安全信息平台建设。按照分步实施、逐步融合的建设原则，充分利用现有信息资源，采取主系统和子系统共同规划设计、各有关单位分头组织实施的方式进行。2013年将完成平台建设的调研、规划设计等前期准备工作，并初步完成主系统和子系统的总体规划和设计。

夯实食品风险评估中心内部信息化建设的基础。加快协同办公系统（OA）建设进程，启动实验室信息管理系统建设，建立统一的基础管理平台，实现用户数据统一管理、权限统一分配、身份统一认证，提高工作效率，简化工作流程。按照“统一规范、统一建设、分级管理、统一监管”的要求，建设门户网站群。

3. 加强重点实验室建设，提高风险识别和评估能力

按照统一规划、分步实施的原则，以加强卫生部食品安全风险评估重点实验室建设为契机，围绕重点业务，有针对性地分步推进重点实验室的配套建设，多渠道筹集资金，购置高通量、高灵敏度和前沿的仪器设备，

提升实验室在新型危害识别与未知物鉴定、食源性微生物分离鉴定等新技术领域综合实力，提升各实验部科研能力和技术水平。争取科技部、发改委、财政部等相关部门支持，获得更多的科技投入，经过运行和优化后，积极申报国家重点实验室。申办国家食品安全风险监测参比机构、保健食品注册检验机构；配合国家认证认可监督管理委员会的食品检验机构的监督评审，取得食品检验复检机构资质。

4. 规划重点科研方向，夯实评估基础

根据我国食品安全工作的难点、热点和应急需要，确定监测、评估和预警重点科研方向，加强食品安全风险评估基础数据库建设，加强有毒有害物质及其毒理学、总膳食调查等应急评估数据和技术储备，建立健全科研工作机制和激励机制。加强微生物、化学污染物、食品添加剂、食品接触包装材料等化学危害表征与风险评估模型、风险监测与预警、未知物分析鉴别、“黑名单”物质检测等技术领域研究和平台构建，加强环境、生产经营过程（新技术、新工艺、新材料等）、食品与健康关系的研究（如转基因食品、速成农畜产品等），提高我国食品安全技术支撑水平和风险预防及控制能力。

在完成在研科研项目工作的同时，充分利用食品风险评估中心理事会资源，力争从国家科技计划（973、863和支撑计划）和重大专项、自然科学基金、行业公益性项目、国际合作等多渠道获得更多的科研项目资助。

5. 强化队伍建设，构建结构合理、专业互补的专家队伍

加强人员队伍建设，按照急需专业要求，继续组织开展高端人才、骨干人才的招聘工作，探索多种形式引进优秀人才。

加强现有人员政治素质和业务素质培训，选派人员到国内外高水平的技术机构和食品企业学习调研。

建立人员绩效考核制度，结合人员绩效考核，开展全员岗位聘任工作。

加强与有关高校、科研单位的联系与合作，探索联合培养硕士、博士

研究生，积极协调办理研究生招生、教学资质。

6. 推动食品风险评估中心新址基建立项

按照《决定》、《规划》要求，本着科学、合理、实用、节约的原则，根据工作开展情况与未来发展需求等因素，提出食品风险评估中心新址基建立项建议及办公、业务用房建设规模和需求，推动基建立项。

（二）突出重点业务，履行食品安全技术支撑职责

要进一步统筹整合食品安全风险监测、风险评估、风险预警、风险交流和食品安全标准技术管理等食品风险评估中心核心业务工作，形成有机整体，为政府部门食品安全监管提供重要的技术支撑。

1. 落实食品安全风险监测任务

按照卫生部的统一部署，协助卫生部组织实施《2013年全国食品安全风险监测计划》，及时组织开展其他专项和应急监测，重点建设食源性疾病监测系统，对食源性疾病（包括食物中毒）报告系统和疑似食源性异常病例/异常健康事件报告系统进行全面升级，加强食源性疾病监测工作基础建设，进一步完善医疗机构与公共卫生机构共同承担、各负其责的食源性疾病监测网络系统平台。加强医疗卫生机构有关人员食源性疾病诊疗技术培训。开展重要食源性致病菌分子分型和耐药性监测，强化食源性疾病发病趋势、病因分析及溯源分析，提高发现食品安全系统性风险的能力。

加强食品安全风险监测技术培训和质量控制，研制监测过程质量分析系统，研制监测质控品，建立监测质控品库，组织监测技术机构质控考核，协助卫生部启动参比实验室体系建设，及时通报监测结果，提出风险预警建议，做好2012年全国食品安全风险监测结果的分析、评价和报告撰写工作，并指导地方将监测结果合理应用到风险研判和监管措施中。

2. 强化食品安全风险评估工作

根据食品安全标准制定修订、食品安全监管等需求、社会关注以及国

家食品安全风险评估专家委员会工作计划，拟定年度国家食品安全风险评估计划和优先评估项目，完成膳食中铅、膳食中二噁英及食品中邻苯二甲酸酯的风险评估技术报告，实施溴酸盐、空肠弯曲菌、硫氰酸盐等污染物的风险评估工作。

完善风险评估与标准制定修订等相关工作的衔接机制，努力提高工作效能。完成《食品安全风险评估结果信息公布规范》、《食品添加剂风险评估工作指南》、《微生物风险评估工作指南》、《食品安全风险分级原则》、《食品化学物致癌作用、致突变作用及生殖毒性风险评估指南》的起草，加强技术规范的制定工作。

在2012年试点预调查的基础上，启动我国加工食品和饮料消费调查工作，逐步构建食品安全风险评估所需的食物消费调查系统和食物消费数据库。

在全国营养调查的基础上，开展微生物、生物毒素、食品添加剂评估所需的食品加工烹饪习惯、消费频次等膳食调查工作。建立全面的食品添加剂信息数据库，并以数据库为基础开发食品添加剂溯源和预警系统；开展包装食品或小食品的专项消费量调查和消费系数调查，为今后开展食品添加剂标准效果评估和行政许可提供风险评估基础数据和评估意见。

积极探索食品安全风险监测与评估结果的应用，初步建立食品安全风险预警机制，选择风险隐患大、潜在危害大、可能影响范围广的食品安全问题，经有效评估后，提出预警建议。

3. 加强食品安全风险交流工作

建立完善食品安全风险交流工作机制。主动监测和研判食品安全舆情，提出处置措施建议，同时按照相关规定，利用媒体交流会、新闻通稿、在线访谈、专题报道等形式有效开展风险交流，积极回应社会关切，正确引导舆论，做好答疑解惑工作。

承担卫生部食品安全风险交流专家组组建工作，开展食品安全风险交流技能培训，提高食品安全专业人员的交流能力。

充分利用报刊、广播、电视、手机、网络新媒体等形式，普及风险监测、风险评估、标准等食品安全知识。在组织公众开放日活动的基础上，开展更加丰富且贴近生活的宣传活动，通过走进机关、社区、高校和中小学等方式，向社会、公众普及食品安全科学知识。组织编写和印制适合不同人员的食品安全系列宣传材料，采取多种传播渠道、多种形式与各利益相关方合作开展科普宣传。

积极发挥食品风险评估中心国际顾问专家委员会和卫生部食品安全工作领导小组技术专家组的作用，加强与有关外部机构开展互动合作，结合社会热点和食品安全隐患及食品安全风险预警需要，组织策划和开展专题风险交流活动。

4. 做好食品安全标准的技术管理和制定、修订工作

做好标准制定、修订工作。归纳梳理标准需求，加快急需食品安全标准的制定、修订进度，组织开展2013年食品安全国家标准立项和制定、修订工作，组织提出立项建议并落实起草单位。完成《食品中致病菌限量》、《毒理学检验方法》等标准的审评，完成《食品添加剂使用标准》、《特殊膳食用食品标签通则》、《特殊医学用途配方食品》等重要标准的起草和修订工作。

做好标准清理工作。按照卫生部食品标准清理工作方案要求，依据食品安全风险监测和风险评估结果，完成现行近5000项食品产品标准、检验方法标准、食品添加剂标准、营养和特殊膳食食品标准、食品相关产品安全标准等的分析整理和评价工作，提出现行相关标准或技术指标继续有效、整合或废止的清理意见。

追踪国际食品标准进展，积极参与国际合作。积极跟踪2013年欧盟、美国、加拿大、日本、新加坡等国家和地区的食品标准通报，继续追踪食品法典委员会（CAC）、欧盟、美国、加拿大、日本、澳大利亚、新西兰、

新加坡等国际组织、国家和地区的食品标准。深入开展国际食品安全法规标准的追踪研究，按照国家和食品类别、食品污染因素等分类方式提出追踪研究阶段性报告。

做好标准的咨询解释和宣贯。通过多种方式开展食品添加剂、食品污染物、微生物、检验方法、食品产品、基础标准的宣贯、指导、解释等工作。

做好国际食品添加剂法典委员事务。积极参与2013年在北京举办的国际食品添加剂法典委员会会议，组织参加国际食品法典委员会会议，全面参与2013年国际食品法典委员会的各次会议，持续跟踪法典标准各项议题，积极参与法典战略规划的制定、国际食品法典50周年庆典等活动。

继续完成食品添加剂行政许可工作。编写《食品添加剂新品种申报资料编写指南》，扩大评审专家库，对评审专家展开培训，确保专家能够胜任行政许可的审查工作。

5. 帮助地方提高食品安全风险评估机构的工作水平

启动国家食品安全风险评估中心分中心建设工作，建立以国家食品安全风险评估中心为龙头、多部门单位互补、区域性分中心为技术支持的风险监测评估体系，在国家食品安全风险评估中心统一指导下，承担并开展国家及本部门、本地区委托的各项优先和应急风险评估任务。

建立完善专家智库平台，定期补充入库专家数量，壮大专家队伍力量，对专家库实行动态管理，充分发挥专家智库作用。

（三）保障措施

1. 加强党组织自身建设，发挥党群组织作用

积极按照党中央和上级党组织的要求，认真组织学习、贯彻、落实党的十八大精神，以科学发展观指导食品风险评估中心建设发展进程，加强党员党性修养，开展创先争优活动，切实发挥共产党员先锋模范作用。

加快食品风险评估中心党委及各级组织建设，完成党委、纪委选举工作，完成工会、共青团组织选举工作，充分发挥党团组织和工会组织在业务发展工作中的监督保障和支持作用。

认真执行党风廉政建设责任制，开展反腐倡廉宣传教育和制度建设，开展权力运行监控机制建设，建立和完善治贿工作长效机制，推进监督关口前移。

2. 强化内部管理，建立运转高效的工作机制

进一步建立健全各种管理规章制度，明确岗位责任，完善工作程序，规范内部管理。进一步规范财务制度，加强财务预算管理和日常财务管理。制定公平、公正、公开、客观的绩效考核管理办法，建立有利于调动工作积极性的激励和约束机制。加强集中采购、资产管理、安全保卫管理，加强实验室质量和安全管理工作，保证质量管理体系的有效运转。

加强中心内部业务部门之间的联系与沟通，通过专题报告会、协调沟通会、技术报告咨询与反馈等多种形式，建立内部业务工作衔接机制。

3. 改进工作机制，发挥理事会决策监督作用

加强理事会秘书处建设，强化服务意识，认真组织筹备理事会会议，建立与理事会成员日常汇报、沟通、交流机制，密切联系理事会成员单位，为理事会成员提供服务，真正发挥与理事会成员单位的桥梁纽带作用。探索理事会决策监督模式，保障食品风险评估中心健康发展。利用食品风险评估中心作为国家事业单位改革试点的契机和理事会资源，多方寻求政策与条件支持，保障队伍稳定和事业健康发展。

4. 加强与国内外各相关技术机构的合作交流

结合重点工作加强与国内外有关技术机构、各大科研院所的合作，争取对食品风险评估中心有利的科研资源，为食品风险评估中心的各项业务工作开展提供技术支持，与科研院所建立务实、有效的合作模式。

建立、保持和发展食品风险评估中心与世界卫生组织等国际组织的合

作关系，落实与国外机构已签署的合作协议，开展学术交流、人员培训、合作研究项目活动。利用多种渠道，打开与欧盟、美国、加拿大等国家和地区合作的新局面，建立稳定的合作机制。加强与香港特别行政区、澳门特别行政区及中国台湾地区食品安全机构的合作。

国家食品安全风险评估中心
2012年党的工作总结

国家食品安全风险评估中心党委书记　侯培森

2012年12月26日

在卫生部党组和直属机关党委的领导下，食品风险评估中心按照部党组“边组建、边工作”的要求，坚持组建工作与党建工作同步推进，积极开展党的工作，认真组织学习党的十八大精神，按照上级党委的部署扎实开展各项工作，业务工作和党的工作都取得了显著进展，党组织的战斗堡垒作用和党员的先锋模范作用在食品风险评估中心组建和各项工作中得到体现。

中央编办核定食品风险评估中心组建初期财政补助事业编制200名。目前在编人员190人，其中169人为专业技术人员，占职工总数的88.9%，具有研究生及以上学历人员129人，占职工总数的67.9%。职工平均年龄为36.8岁，其中，35岁以下青年97人。现有党员115名（其中正式党员112名，预备党员3名），团员41名，党员占职工总数的60.5%。

一、在队伍组建工作中加强党的组织建设

2012年1月，在中国疾控中心营养食品所4个支部的61名党员整建制转入后，食品风险评估中心即进行了党的组织建设，作为一个独立的基层组织，开展了十八大代表推荐工作、基层党组织分类定级工作等。

在中国疾控中心营养食品所151名人员划入、新员工入职及中层管理

干部上岗后，食品风险评估中心按照部门工作职能初步划分了7个党支部，明确了各支部临时负责人，并按要求开展了各项支部活动。启动了中心党委纪委选举工作。

在组建过程中初步建立了党群工作制度14项，使中心党的建设逐步制度化、规范化。

2012年度转入党员120名，转出5名，党员基本信息全部录入基层党组织信息管理系统，按要求实现了电子化数据维护、统计和管理。

二、认真抓好党员思想政治学习

党的十八大刚闭幕，食品风险评估中心即邀请了党的十八大代表、中国疾控中心党委书记梁东明同志为全体党员职工作专题报告，帮助党员职工加深对十八大精神的理解。及时为每一位党员和中层以上干部发放十八大学习辅导材料，要求党员和干部联系工作实际深入学习。

2012年6月29日，召开全体党员大会纪念建党91周年，组织新发展党员宣誓和新入职党员重温入党誓词，学习有关文件材料。

为深刻理解国务院《关于加强食品安全工作的决定》（以下简称《决定》）和《国家食品安全监管体系“十二五”规划》（以下简称《规划》），邀请国务院食品安全办副主任、食品风险评估中心理事会副理事长刘佩智同志作了题为“关于食品安全工作形势及任务”的专题辅导讲座。

开展了学习落实《决定》、《规划》的知识答题活动，举办了专题学习交流会，围绕《决定》、《规划》的核心内容，结合工作任务及食品风险评估中心发展，组织业务骨干交流学习体会。

认真组织食品风险评估中心领导与中层干部参加部机关组织的“每月一讲”、党组中心组学习扩大会，组织中心班子成员参加卫生部学习党的十八大精神培训班。

三、扎实开展各项党的活动

2012年8月组织党员职工分两批赴山西大寨开展“学习大寨精神 共铸食品安全”主题教育活动，了解初级农产品生产加工情况，开展食品安全专题讲座，向昔阳县200余名干部宣讲食品安全形势和科普知识，赠送获国家专利的食品安全快速检测设备，发放有关食品安全宣传资料。在食品风险评估中心组建初期组织干部职工学习大寨艰苦奋斗的精神，支持当地开展食品安全工作，使干部职工深受教育。活动结束后，组织专题征文活动并进行评选。

结合卫生部办理全国人大关于加强食品安全风险监测评估体系建设重点建议工作，与全国人大办公厅党支部联合开展主题党日活动，讨论食品安全热点问题。

组织各党支部开展内容丰富的主题党日活动，先后组织党员参观乳品企业生产线，了解农产品加工流程；参观食品企业，实地调研包装食品生产现状等；召开专题学习交流会分享科研收获，探索党建与业务工作的有机融合。

鼓励党员立足岗位、创先争优，在应对塑化剂、明胶食品中铬污染、婴幼儿配方食品汞异常、调味品的应急专项监测评估等工作中，食品风险评估中心党员精诚协作、无私奉献，为监管部门及时妥善处置各种食品安全突发事件提供了技术支撑。中心李宁同志作为食品风险评估中心优秀党员代表，被授予“全国医药卫生系统创先争优先进个人”荣誉称号。

四、加强廉政建设

食品风险评估中心高度重视反腐倡廉和惩防体系建设工作，在食品风险评估中心的筹建、组建工作中，始终把这项工作放在突出位置，列入重要议题，制订食品风险评估中心《党风廉政建设责任制实施办法》。中层干部竞聘到岗后，主要领导分8批（次）与35名新任职中层干部进行了廉政谈话，与其签订党风廉政建设责任书。为每位干部发放《新编党员领导干部廉洁从政规范手册》。2012年12月7日，李熙组长带领卫生部检查组对食品风险评估中心惩防体系建设进行了检查，给予充分肯定。

启动权力运行监控机制建设工作，起草食品风险评估中心《权力运行监控机制建设工作方案（试行）》，对各部门岗位权力风险点和关键岗进行摸底，初步整理汇总出20个权力风险点。

贯彻落实卫生部集中开展《关于卫生系统领导干部防止利益冲突的若干规定》专项活动。组织各党支部积极开展"以案为镜 拒腐防变"主题党日活动，参观北京市反腐倡廉警示教育基地等单位，增强干部职工的廉政意识。初步建立招投标和项目合同签订管理审查监督机制，保证工程维修项目和大宗物资采购等重点工作的公正、公平、廉洁。

目前，食品风险评估中心做到了涉及中心建设发展的规划、计划及重要工作都能及时向理事会、卫生部请示、汇报；食品风险评估中心的人员招聘、干部聘任、重大项目、重大决策、大额资金使用等涉及"三重一大"规定的事项均能在党政联席会上集体讨论决定，并已形成制度。

五、重视工会、共青团等工作

重视工会、共青团、妇女和计划生育工作，积极开展统战工作。

组队参加卫生部第九套广播体操比赛荣获"第一名"，首次亮相即展示了食品风险评估中心团队的精神风貌；开展游园健身、主题观影等活动，带动职工培养健康的生活情趣；慰问探望住院职工和生育女职工11人，及时传递食品风险评估中心对职工的关怀；"八一"建军节前夕，慰问复转军人及军属；组织摄影技术培训，拓宽职工的知识面。

组织开展团的各项活动。组织"学习十八大精神 我与中心共成长"团员青年互动沙龙活动，受到青年的欢迎；组织部分青年参加卫生部与民生银行举办的“缘分天空，爱在民生”青年联谊活动；完成基层团组织数据采集填报工作。

我中心现有“中国农工民主党”、“九三学社”、“中国致公党”3 个党派的职工 8 人，均为业务专家或骨干，食品风险评估中心党委十分重视与他们的沟通交流，并在领导干部民主生活会召开前广泛征求了这些同志的意见和建议。

注重计划生育工作的宣传教育，切实做好独生子女奖励费和托补费的统计发放工作，为符合政策的职工核发生育服务证，2012 年食品风险评估中心职工的新生儿 14 人，符合政策生育率 100%。

六、初步开展文化建设工作

在食品风险评估中心队伍刚刚组建，职工待遇偏低的情况下，注重文化建设，探索开展适宜的文化活动，鼓舞和带动干部职工承担使命、履行责任。编印食品风险评估中心成立 1 周年纪念画册《扬帆启程》，开展了中心成立 1 周年职工寄语征集活动，组织参加了学习十八大精神主题赛诗活动，组织开展职业精神大讨论等活动。

第二部分　业务工作

食品安全风险监测工作

食品安全风险监测是通过系统和持续地收集食源性疾病、食品污染以及食品中有害因素的监测数据及相关信息，对食品安全状况进行综合分析和及时通报的活动，及时了解全国或地区的食品安全状况，掌握食源性疾病和食品污染的发生发展规律，为食品安全风险评估、食品安全标准制定修订、食品安全科学监管提供重要的技术支撑。

食品风险评估中心作为国家食品安全风险监测工作的技术龙头，协助上级主管部门研究提出国家食品安全风险监测计划、质量控制方案和实施指南，并组织实施；对监测结果进行研判分析，编制全国食品安全风险监测报告。

一、开展食品安全风险监测相关技术工作

食品风险评估中心作为食品安全风险监测的技术支撑机构，参与研究提出 2012 年国家食品安全风险监测计划，编制对应的监测工作手册，制定质量控制方案，组织开展各种培训和分析质量考核工作；在对数据进行复核的基础上，针对监测发现的食品安全隐患，经会商和研判后及时报告；定期汇总分析监测信息，编制年度监测报告，科学评价我国食品安全整体状况，在提高我国食品安全监管工作水平和防范食品安全系统性风险方面发挥了积极、有效的作用。

2012 年的监测工作具有以下三个特点：第一，样品覆盖从农田到餐桌，包括农产品种植、养殖以及食品生产加工、流通和餐饮服务等各环节；第二，对学生和农村人口食品安全的监测得到加强。在继续重点监测粮食、蔬菜、肉、蛋、奶等百姓主要消费食品的同时，将学校周边小餐馆、小摊商以及农村集贸市场作为重点监测区域和场所；第三，将食品非法添加物

作为重点监测项目，认真落实国务院打击食品非法添加重点整治工作。

2012年的监测工作包括食品中化学污染物及有害因素监测和食品中致病性微生物监测在内的食品污染和有害因素监测；食源性疾病（包括食物中毒）报告、疑似食源性异常病例/异常健康事件监测和食源性疾病主动监测在内的食源性疾病监测；针对突发事件或回应社会关注而开展的应急监测。

食品污染物和有害因素监测是对食品中6种重金属和有害元素、36种农药、11种真菌毒素、15种环境污染物、15种食品添加剂、35种非法添加物质、1种食品加工过程中形成的有害物质及18种致病性微生物共计137项指标进行监测。全国共设置食品污染物和有害因素监测点1488个，覆盖了全国100%的省份、90%的地市和52%的县。共监测16.5万份样本，获得97.68万个监测数据。在食品化学污染物和有害因素监测中，对粮食、蔬菜、肉类、水产品、蛋类、乳与乳制品、酒类、食用植物油、婴幼儿配方食品等27类食品中我国居民消费量大、流通广的大米、小麦粉、蔬菜、猪肉、牛肉、养殖淡水鱼等524种食品进行监测，共从8.77万份监测样品中获得68.66万个监测数据。其中监测到有害元素9.79万个，有机污染物3.50万个，真菌毒素1.54万个，农药残留33.55万个，食品添加剂9.23万个，禁用药物9.17万个，非食用物质1.80万个。致病性微生物方面，对采自零售和餐饮环节中10类即食食品进行监测，获得食源性致病菌数据27.10万个，卫生指示菌数据1.05万个，寄生虫数据0.47万个，病毒数据0.39万个。全国31个省（自治区、直辖市）和新疆生产建设兵团上报了监测结果。与2011年相比，增加了292个监测点、近1万份食品样品和18万个监测数据。

针对2012年监测结果，首次从监测的污染物和有害因素品种以及食品项目两个方面进行监测结果的总结和分析，以方便监测结果的使用。总结报告分为上下册，上册为监测项目总结，分为元素类、有机污染物、真菌毒素、农药残留、食品添加剂、卫生指示菌、食源性致病菌、病毒、寄生虫、禁用物质、非食用物质和肉鸡中沙门氏菌的过程监测共计12个章节；下册为食品项目总结，分为婴幼儿食品、粮食、蔬菜、水果、乳与乳制品、肉与肉制品、食用植物油、酒、水产品及其制品、茶叶、调味品、其他加工制品以及地方特色食品共计13个章节。

监测发现的主要食品安全问题为：①重金属污染依然严重；②真菌毒素污染较重；③农药仍存在违规使用问题；④违禁药物和非食用物质的违规使用依然存在；⑤食品添加剂滥用问题比较突出；⑥部分食品中致病微生物污染严重。

监测提出的建议包括：①进一步加强婴幼儿食品生产监管；②继续严厉打击违规使用非食用物质及食品添加剂滥用行为；③加强蔬菜、茶叶种植过程农药使用管理；④高度重视南方地区真菌毒素污染防控；⑤多措并举，控制食品重金属污染；⑥控制食品中致病性微生物污染；⑦查明问题样品的污染状况；⑧进一步加强监测体系和能力建设。

2012年在31个省（自治区、直辖市）和新疆生产建设兵团的2962个县级以上疾控机构实施食源性疾病暴发事件报告工作，共报告食源性疾病暴发事件917起，累计发病13679人，死亡137人。其中，微生物因素所致的食源性疾病患者数最多，占患者总数的50.0%，主要是由沙门氏菌、副溶血性弧菌、金黄色葡萄球菌等引起；有毒动植物及毒蘑菇导致的事件数和死亡人数最多，分别占总事件数和总死亡人数的32.4%和65.0%；毒蘑菇、有毒动植物、化学物引起的食物中毒是造成人员死亡的主要原因，有毒动植物主要包括断肠草、河豚鱼、野生蜂蜜、马桑树果等，化学物主要为亚硝酸盐、乌头碱和毒鼠强。与2011年比较，各地对食源性疾病暴发事件报告的重视程度和报告质量得到进一步加强，实施上报的疾控机构数量增加415家，报告的事件数增加13.3%。

2012年在31个省（自治区、直辖市）和新疆生产建设兵团的598家县级以上监测点医院实施疑似食源性疾病异常病例/健康事件监测，共报告疑似食源性异常病例45例。与2011年比较，监测点医院增加了133家，报告疑似病例数增加了30例。

2012年19个省（自治区、直辖市）的247家医院开展了食源性疾病监测，共监测符合病例定义的腹泻患者403243例，采集55035份腹泻患者的粪便或肛拭标本，对非伤寒沙门氏菌、志贺氏菌和副溶血性弧菌等致病菌指标进行了检测。非伤寒沙门氏菌检出率为3.03%，志贺氏菌为0.53%，副溶血性弧菌为2.39%，其中，食源性感染病例估计分别为7941例、148例和3903例。食源性疾病负担的评价工作正在进行中。

为加强监测工作质量，食品风险评估中心除制定监测质量控制方案外，还组织开展监测技术培训班12期，培训773人次。首次对承担监测任务的地市级疾控机构开展了质控盲样考核以及相关的质量控制指导。

二、积极探索开展食源性疾病监测

食品风险评估中心根据我国食源性疾病监测以被动报告为主的现状，借鉴发达国家的先进经验，积极探索适合我国国情的食源性疾病主动监测模式，研究制定并组织实施全国食源性疾病主动监测计划，构建了被动报告与主动监测互为补充的食源性疾病监测系统和食源性疾病分子溯源网络。依托各级疾控机构和医疗机构初步建立起了全国食源性疾病监测网络。

2012年食源性疾病主动监测报告系统已覆盖496家哨点医院和406家省、市、县级疾控机构，主动收集门诊和住院患者的基本情况、症状与体征、饮食史等病例信息和实验室病原学检测结果，以实现对不同病例的同源关联分析，实现了监测结果收集的高效、即时和标准化。

2012年食源性疾病分子溯源网络已覆盖19家省级疾控机构，建立了中央数据库和省级数据库，主动采集各种食源性致病菌的基因分型结果（PFGE）和药敏试验数据，实现了食品和病例中食源性致病菌的分子分型、耐药性等数据实时在线的比对分析和数据共享，能够准确、及时地识别聚集性病例，更科学、快速地溯源病因性食品。

在卫生部、食品风险评估中心和各级疾控机构的共同努力下，经过系列技术培训，使各地区逐渐认识到食源性疾病监测的重要性，增强了医疗机构的依法报告意识和技术水平，带动了地市级疾控机构检验能力的提高。北京、上海、江苏、四川等地，将分子溯源技术和流行病学调查相结合，在一系列食源性疾病暴发事件的早期识别、暴发调查和病因性食品追踪溯源中得到有效应用。例如，广东省和上海市疾控中心通过临床症候群监测和溯源调查，分别早期识别和处置了一起韦太夫雷登沙门菌和一起副溶血性弧菌食物中毒事件；广东省疾控中心还利用溯源技术成功调查处置一起由动物接触引起的鼠伤寒沙门氏菌感染事件和婴幼儿配方粉鼠伤寒沙门菌感染病例聚集性事件；北京市疾控中心利用溯源技术发现羊肉串肠炎沙门氏菌聚集性病例。这些工作为更准确地掌握我国食源性疾病的发病和流行趋势，提高食源性疾病的预警与防控能力，建立食源性疾病暴发监测与预警平台，实现“早发现、早预警、早控制食品安全隐患”的工作目标积累了有益的经验。

三、协助主管部门建立健全风险监测相关制度

研究起草了《食品安全风险监测管理办法》、《食源性疾病监测管理办法》、《食品安全风险监测参比机构管理规范》等相关制度；《食品安全风险监测结果分析方法》、《食品安全风险监测技术报告编制规范》等相关技术文件；提出了全国食品安全风险监测技术机构建设规划，使风险监测工作逐步进入规范化、制度化和科学化的发展阶段。

四、及时开展应急监测

针对食品安全突发事件、社会关注问题，协助卫生部制定应急监测方案并组织实施。组织开展了主要使用明胶的食品中铬、婴幼儿配方食品中

汞污染、调味品等应急专项监测，为监管部门及时妥善处置各种食品安全突发事件提供了技术支撑和判定依据。例如，在婴幼儿配方食品汞污染事件中，共对3471份样品开展监测，其中婴幼儿配方食品3205份，其他人群食用的乳粉样品266份，婴幼儿配方食品中伊利品牌1575份，其他品牌1630份。监测判定伊利婴幼儿配方食品存在明显汞污染，监测结果为及时解决这一食品安全风险隐患提供了可靠的技术依据。在铬胶囊污染事件中，协助卫生部组织开展主要使用明胶食品中铬的污染应急监测，在一周时间内获得了1067份食品中铬的污染数据，为及时了解重点食品中铬的污染状况、评价工业明胶流向食品加工和餐饮消费环节情况提供可靠线索。针对公安部门发现的调味品掺杂使假问题，在12个省（市）组织开展了2142份食醋、酱油、调味料酒（黄酒）、味精和酱的监测，结果提示酱油、调味料酒和酱类存在勾兑现象；有些食醋几乎无酿造成分，存在采用合成醋酸勾兑问题；酱油、调味料酒和酱类存在防腐剂苯甲酸和山梨酸违规使用现象。监测结果反映出当前在调味品生产中存在掺杂掺假、食品添加剂使用不规范问题。

五、2012年食品安全风险监测工作的启示

第一，进一步加强婴幼儿食品生产监管。重点加强婴幼儿食品原料管理，强化生产过程监管，并调查邻苯二甲酸酯类物质等污染原因，采取有效措施加以控制。

第二，继续严厉打击违规使用非食用物质及食品添加剂滥用行为。以农村及农贸市场、网购等销售的食品为重点，严厉打击食品安全违法犯罪行为。

第三，加强蔬菜、茶叶种植过程农药使用管理。加强农业生产中农药规范使用管理，指导从业者科学合理用药。

第四，高度重视南方地区真菌毒素污染防控。加强农作物收割和储藏

运输的管理，采取有效措施，降低真菌毒素污染水平。

第五，多措并举，控制食品中重金属污染。加强环境污染监测，摸清土壤、水污染状况，强化工业“三废”监管，切实抓好重点污染地区环境综合治理，调整农产品种植结构，控制农产品重金属污染。

第六，控制食品中致病性微生物污染。严格落实良好生产规范，改善食品生产加工、储存、配送运输过程的卫生条件，控制食品微生物污染。

第七，进一步加强监测体系和能力建设。根据《国家食品安全监管体系“十二五”规划》中关于食品安全风险监测建设目标，建议进一步加大投入，尽快实现监测工作的“四统一”。完善工作机制，加快建设覆盖城乡、运转高效、科学准确、保障有力的食品安全风险监测体系。

食品安全风险评估工作

食品安全风险评估是对食品中化学性、生物性和物理性危害对人体健康的不良影响进行分析、评估，是风险管理的基础，也是风险交流的信息来源。2009年《食品安全法》颁布后，食品安全风险评估已成为我国重要的食品安全制度之一。国家食品安全风险评估中心是国家食品安全风险评估专家委员会秘书处挂靠单位，协助卫生部和国家食品安全风险评估专家委员会开展风险评估工作，在制定食品安全监管措施、参与处置食品安全事件、开展风险交流中发挥重要作用。食品风险评估中心开展食品安全风险评估基础性工作，具体承担食品安全风险评估相关科学数据、技术信息、检验结果的收集、处理、分析等任务，向国家食品安全风险评估专家委员会提交风险评估分析结果，经其确认后形成评估报告报上级主管部门，由上级主管部门负责依法统一向社会发布。其中，重大食品安全风险评估结果提交理事会审议后报国家食品安全风险评估专家委员会。

一、组织实施优先风险评估项目

2012年，食品风险评估中心组织开展了食品中镉、铝、反式脂肪酸、沙门氏菌等10余项优先风险评估项目，为我国食品安全管理决策、标准制定修订提供了重要科学依据，为食品安全风险交流提供了科学素材。

（一）食品中镉的风险评估

食品中镉风险评估项目是利用2001年以来全国食品安全风险监测及国家粮食局等部门提供的大米、面粉等34类食品监测数据，以及2010年主要高镉污染区大米、蔬菜专项监测数据，全面评价我国居民膳食镉摄入的健康风险，对大米镉限量标准值的科学性进行了分析研究。结果显示：大米是人体膳食镉摄入的最主要来源（占 40% 以上）。我国居民镉摄入量从全人群整体水平来看健康风险不高，但是儿童和部分镉污染地区人群的膳食镉摄入风险较高，特别是镉污染地区人群膳食镉摄入量远高于全国平均水平，且明显超过安全摄入标准（每人每月每千克体重 0.025 mg）。进一步分析表明，我国现行的稻米镉限量标准（0.2 mg/kg）是适宜的。据此，国务院食品安全办两次召集环保部、农业部、卫生部、粮食局、工商、质检等部门研究，向国务院领导上报了《关于我国部分稻米镉超标问题的情况汇报》，提出稻米镉限量标准暂不宜修改放宽，为合理确定大米镉限量标准值提供了坚实的科学依据。同时，本次评估工作促成上级主管部门设立行业发展项目《稻米镉健康监护对策研究》（编号 201302005），推动了我国镉污染区居民镉摄入对健康影响和污染治理对策的研究工作。

（二）食品中铝的风险评估

食品中铝风险评估项目是利用全国食品安全风险监测数据和加工食品专项监测，对中国居民摄入铝的健康风险进行了系统评估。结果显示我国居民铝摄入量从全人群整体水平来看健康风险不高，但 4～6 岁儿童中有 40% 以上的个体铝摄入量超过安全摄入标准（每周不超过 2 mg/kg 体重）；面粉、馒头等面制品是普通消费者铝摄入的主要来源，而膨化食品则是儿童铝摄入的主要来源。结合我国含铝添加剂的滥用现象以及本次风险评估结果，食品风险评估中心向有关部门和业界提出了修订含铝添加剂的使用标准、积极研制含铝添加剂替代品、严厉打击超范围和超量滥用含铝添加剂的行为等监管建议，推动食品安全国家标准审评委员会根据评估结果修订含铝食品添加剂标准。

（三）食品中反式脂肪酸的风险评估

食品中反式脂肪酸风险评估是 2011 年优先评估项目。食品风险评估中心针对当时广受媒体和政府关注的食品中反式脂肪酸安全性问题，在北京、上海、成都、广州、西安5大城市开展了加工食品中反式脂肪酸含量的专项监测以及北京、广州居民食物消费状况的典型调查，并在此基础上开展了反式脂肪酸的健康风险评估。评估结果显示，中国人通过膳食摄入的反式脂肪酸的供能比（指摄入的反式脂肪酸提供的能量占膳食总能量的百分比）仅为0.16%，即使在北京和广州这类加工食品消费量大的城市，居民的反式脂肪酸供能比也仅为0.34%，远低于世界卫生组织（WHO）建议的不超过1%的限值，也明显低于西方发达国家的水平。因此，之前媒体报道明显夸大了我国居民膳食中反式脂肪酸的健康风险。考虑到我国膳食结构的西方化趋势，食品风险评估中心建议：一方面要认真实施已有的管理措施和标准；另一方面要开展广泛的宣传教育，引导正确消费。本次评估结果既支持了我国关于反式脂肪酸采取的一系列监管措施，又通过媒体开放日、官方网站和微博等渠道发出科学信息，澄清了以前媒体对反式脂肪酸的不科学报道，增强了公众对于政府改善食品安全现状的信心。

（四）鸡肉中非伤寒沙门氏菌污染的风险评估

食品风险评估中心于2011年开展了我国零售环节鸡肉中非伤寒沙门菌污染的健康风险系统评估。评估结果显示，我国零售环节整鸡非伤寒沙门氏菌污染主要发生在8月；相比于冷冻保存和现场宰杀，冷藏保存的鸡肉的污染率和污染水平更高。考虑到厨房交叉污染等因素，推算出我国每年患非伤寒沙门氏菌食源性疾病人数为500万~800万。进一步评估发现，将零售环节鸡肉中沙门氏菌的污染水平降低到不可检出水平，以及通过案板生熟分开避免交叉污染，居民罹患非伤寒沙门氏菌疾病的风险可以分别降低53%和65%。本次评估结果对我国制定的鸡肉中沙门氏菌限量标准提供了有效支持，可用于指导公众进行正确的烹调加工。

（五）其他优先风险评估项目

食品中硼的本底调查针对食品安全监管的实际需要，提出了大豆、小麦粉、大米、水果、牛羊肉等食品中硼的本底含量建议值，在面粉违法添加硼等食品安全事件的处理中发挥了重要作用。

此外，针对食品安全监管需要和标准制定修订需求等，组织开展铅、邻苯二甲酸酯类、氨基甲酸乙酯、硫氰酸盐、溴酸盐、空肠弯曲菌等风险评估工作。

二、及时开展应急风险评估

2012 年，食品风险评估中心对不锈钢炊具中锰、明胶食品及药用胶囊中铬、伊利婴幼儿配方食品中汞、婴幼儿食品中铝、牛奶中黄曲霉毒素、白酒中邻苯二甲酸酯、工业水制酱油、配方奶粉香兰素、化工染料染绿萝卜干、明矾蜂蜜、阪崎肠杆菌、普洱茶中黄曲霉毒素、转基因“黄金大米”等各类食品安全隐患开展了应急风险评估，提出了隐患处置建议并通报相关部门，为确定食品安全整治重点提供科学依据。

（一）不锈钢锅中锰含量的应急风险评估

食品风险评估中心针对媒体披露浙江苏泊尔股份有限公司多种不锈钢炊具中锰含量超过国家标准，并引起政府和社会广泛关注的问题，对市场上采集的不同品牌、不同类型的不锈钢炊食具中锰的迁移数据进行了风险评估。评估结果表明不锈钢炊食具中锰迁移的健康风险较低，为相关问题的风险交流和管理决策提供了科学支持，缓解了社会恐慌情绪。

（二）食品及药用胶囊中铬的应急风险评估

针对不法生产者使用工业明胶代替食用明胶制作药用胶囊的事件，食品风险评估中心协助食品药品监督管理局对胶囊中铬的监测数据进行了初步的应急风险评估。同时，针对社会上对主要使用明胶食品的食用安全性的质疑，对全国应急监测的老酸奶、风味发酵乳、冰淇淋、肉皮冻等17种食品中铬的含量进行了应急风险评估，发现食用肉皮冻较多者摄入铬的健康风险较高，提出加强生产监管等建议，为对事件妥善处理提供了科学支持。

（三）婴幼儿配方食品汞含量异常的应急风险评估

针对2012年食品安全风险监测工作中发现伊利婴幼儿配方食品中汞含量异常，食品风险评估中心立即组织全国31个省（自治区、直辖市）和新疆生产建设兵团开展婴幼儿配方食品汞含量的应急监测，经风险评估后发现，部分伊利婴幼儿配方食品汞含量较高，长期食用健康风险较高。该项工作为相关部门判断事件性质以及采取正确的处置措施提供了科学依据。

（四）食品（白酒）中检出塑化剂的应急风险评估

针对媒体报道某些品牌白酒中检出塑化剂、社会上对相关标准缺失的质疑再次出现、监管部门查封的大量白酒亟待处理等问题，食品风险评估中心利用国家质检总局提供的抽检数据开展了应急风险评估工作，并根据补充数据对报告进行两次更新。评估结果表明，我国饮酒者从白酒中摄入的邻苯二甲酸二（2-乙基己）酯（DEHP）和邻苯二甲酸二丁酯（DBP）均未超过欧洲食品安全局制定的安全摄入标准，健康风险较低。食品风险评估中心还结合2010~2012年风险监测数据和塑化剂专项监测数据，对我国人群及饮酒者通过各类食品摄入塑化剂的水平进行全面评估，依据评估结果提出行动水平建议。该工作为政府在事件不同阶段判断事件性质和采取相应管理措施提供了科学支持，为下一步制定白酒中塑化剂临时行动水平奠定了科学基础。

（五）乳及乳制品中黄曲霉毒素

根据国务院食品安全办的部署，食品风险评估中心利用2010～2011年全国食品安全风险监测获得的乳及乳制品中黄曲霉毒素M1（AFM1）的监测数据，对我国居民乳及乳制品AFM1暴露的健康风险进行了初步评估，并向卫生部上报了《中国居民乳与乳制品黄曲霉毒素M1暴露的初步风险评估》的报告。

（六）含铝婴幼儿配方食品的应急风险评估

根据国家质检总局《关于请对婴幼儿米粉中的铝开展风险监测和风险评估的函》（质检办食监函〔2012〕87号）的要求，受卫生部委托，食品风险评估中心根据质检总局提供的数据，针对含铝的婴幼儿配方食品对婴幼儿健康的影响进行了初步风险评估，并向卫生部上报了《含铝配方食品对婴幼儿健康影响的风险评估》的报告，为监管部门有效开展监管工作提供了科学依据。

（七）普洱茶中黄曲霉毒素的应急风险评估

食品风险评估中心根据已有普洱茶中黄曲霉毒素抽查检测数据，就含有黄曲霉毒素的普洱茶对人群健康的影响进行了初步风险评估，并向卫生部上报了《普洱茶中黄曲霉毒素对人群健康影响的初步风险评估》的报告。

三、秘书处相关工作

食品风险评估中心作为国家食品安全风险评估专家委员会（简称评估专家委员会）秘书处，2012年组织召开了评估专家委员会第五次全体会议

（2012年2月22日）和第六次全体会议（2012年10月13日），汇报食品安全风险评估工作进展，提请会议审议风险评估报告，并提出年度风险评估计划建议。根据评估专家委员会决议，起草《2012年国家食品安全风险评估优先项目建议及实施方案》，上报卫生部。针对乳制品中硫氰酸盐安全性和管理行动水平、食品中稀土元素限量标准、酒精饮料中氨基甲酸乙酯等问题，提出风险评估科学意见或来文回复。

同时，作为全国食品安全整顿工作办公室专家组秘书处，收集整理黑名单中非食用物质的毒性资料，提出《黑名单中非食用物质的毒性说明》，并组织全国20余家单位完成黑名单中酸性橙II、硫氰酸钠、罂粟壳、β-内酰胺酶、万古霉素和去甲万古霉素、安定6类物质检验方法验证工作。针对蓝矾韭菜、甲醛白菜、中国香港在咸蛋中检出多溴联苯醚、可乐中混入氯、奶中激素等事件，向卫生部监督局回复意见或提供食品安全科学信息。

四、不断推动完善食品安全风险评估体系和能力建设

食品风险评估中心根据工作需要，起草了《食品安全风险评估工作指南》、《食品安全风险评估报告撰写指南》和《食品安全风险评估数据需求和采集要求》等5个技术性文件，翻译出版了《食品中化学物风险评估原则与方法》（联合国粮农组织，世界卫生组织著，刘兆平等译）。组织召开全国食品安全风险评估工作研讨会，有力推动了我国食品安全风险评估体系建设。组织召开毒理学关注阈值在食品中应用研讨会、反式脂肪酸：健康影响与管理措施研讨会等专题学术研讨会，加强学术交流。组织起草《系统文献综述在食品安全风险评估中的应用》、《食品添加剂风险评估技术指南》、《食品微生物风险评估指南》、《微生物风险分级指南》等技术性文件，建立毒性关注阈值（TTC）评估方法和高暴露膳食模型。这些工作是规范风险评估程序，完善风险评估体系，提升风险评估能力的基础。

在加强自身建设的同时，食品风险评估中心于2012年12月10～11日在江苏省南京市召开全国食品安全风险评估工作研讨会，围绕全国风险评估体系构架、工作机制、人员队伍建设、风险评估地方资源与结果利用、风险评估技术需求与工作需求等内容进行交流研讨，形成加快全国食品安全风险评估体系建设的共识。

食品安全标准制定修订

国家食品安全风险评估中心在食品安全标准领域开展了大量工作，承担食品安全国家标准研究、技术管理、咨询；协助政府拟订食品安全国家标准制定、修订计划，督促检查标准制定、修订项目执行情况；负责食品安全国家标准草案上报、公开征求意见等。

食品风险评估中心作为食品安全国家标准审评委员会秘书处、中国食品法典委员会秘书处、国际食品添加剂法典委员会主持国秘书处和WTO/SPS通报评议机构挂靠单位，积极为我国食品安全标准工作提供技术支撑。

一、食品安全国家标准审评委员会秘书处工作

（一）协助召开食品安全国家标准审评委员会主任会议

第一届食品安全国家标准审评委员会第六次和第七次主任会议分别于2011年12月2日和2012年9月14日在北京召开。两次主任会议共审议通过了152项食品安全国家标准草案（修改单）；审议通过了增补、调整副主任委员、副秘书长人选名单；审议通过了《食品安全国家标准工作程序手册》等重要事项。

（二）组织食品安全国家标准审查工作

2011年10月至2012年年底，组织召开食品安全国家标准审评委员会分委会会议20余次，审查通过食品安全国家标准170余项，包括GB 2762—2012《食品中污染物限量》、GB 2761—2011《食品中真菌毒素限量》、GB 7718—2011《预包装食品标签通则》、GB 28050—2011《预包装

食品营养标签通则等重要基础标准》。

（三）开展食品安全国家标准立项工作

根据卫生部办公厅《关于社会公开征集2012年度食品安全国家标准立项计划项目的公告》，食品安全国家标准审评委员会秘书处自2011年11月25日至12月31日接收了842份全国各地报送的纸质版及自网络报送的电子版标准立项建议书。根据2012年度食品安全国家标准立项的基本原则，确定了82项2012年度食品安全国家标准项目。2012年6月15日，组织召开了项目启动会议，对标准制定修订工作进行了部署。

（四）督促食品安全国家标准项目进展

根据《卫生部监督局关于开展2011年委托项目自查工作的通知》（卫监督综便函〔2012〕175号），食品安全国家标准审评委员会秘书处组织相关项目承担单位对工作进展及经费使用情况进行了自查。根据项目承担单位自查后的报告，项目经费的使用均按照预算执行，符合自查相关要求。

（五）协助主管部门完善标准管理各项制度

秘书处组织编制了《食品安全国家标准工作程序手册》，致力于规范食品安全国家标准制定修订各环节的程序和要求，细化食品安全国家标准审评委员会会议程序和议事规则，明确食品安全风险评估在标准制定修订中的原则等。该手册已经在第七次食品安全国家标准审评委员会主任会议上原则通过，为规范食品安全国家标准审评委员会各项活动、提升食品安全国家标准管理水平提供保障。

（六）标准解读和宣贯工作

加强标准宣传解读和解疑释惑。发布标准工作的最新动态，并及时与公众就热点问题互动，使标准工作更加公开透明。秘书处还起草了《预包装食品标签通则》、《预包装食品营养标签通则》和《食品营养强化剂使用标准》等重要标准的问答材料在卫生部官方网站公布；协助卫生部、相关部委和部分省市卫生厅等开展重要标准的宣贯培训工作；通过多种形式向社会各界介绍食品和营养标签、添加剂、污染物、食品相关产品标准等。承担食品安全国家标准解释咨询工作，接待来访来电数量庞大，书面回复意见上百件。

二、组织开展食品标准清理工作

（一）食品标准清理

按照《食品安全法》的要求，为贯彻落实卫生部等 8 部门发布的《食品安全国家标准“十二五”规划》，食品风险评估中心提出食品标准清理工作方案。据统计，我国有食品相关国家标准约 1900 余项，行业标准约 2900 余项，合计 4900 余项，分别归口于 15 个部门。上述标准的清理整合，对于完善我国食品安全国家标准体系，解决当前食品标准政出多门、交叉矛盾的问题具有重要意义。通过清理，将为我国建立以食品安全国家标准为唯一强制标准、各类推荐性食品行业标准并存的全方位食品安全质量标准体系奠定基础。

（二）食品包装材料清理

根据卫生部等七部委联合发出的《关于开展食品包装材料清理工作的通知》的要求，承担了食品包装材料清理的组织工作。截至 2012 年年底，共组织召开了 12 次食品包装材料清理工作组会议和多次专题研讨会，组织专家对 3486 份申请资料进行审查和名单征求意见工作，在卫生部官方网站分三批公布了 666 种食品包装材料可用树脂和添加剂名单。

三、食品添加剂新品种评审工作

2011 年 4 月至 2012 年年底，共收到食品添加剂新品种申报近 400 份，受理 322 份，提出补正资料意见 150 余份。及时公开征求意见，汇总、整理后提交食品添加剂评审会。组织召开了 11 次食品添加剂新品种评审会，完成了 322 种食品添加剂新品种的技术审查工作。

针对食品添加剂行政许可工作中遇到的具体问题，组织相关专家召开研讨会进行专题讨论，包括转基因酶制剂、着色剂等食品添加剂的工艺必要性、食品营养强化剂载体类别、食品营养强化剂工艺必要性问题等。完成多项食品添加剂使用的现场核查工作。

四、中国食品法典委员会秘书处工作

（一）组织召开中国食品法典委员会年会

中国食品法典委员会工作会议于 2012 年 2 月 13 日在北京召开。会议重点讨论了由秘书处草拟的《中国食品法典委员会章程（讨论稿）》。秘书处根据会议讨论的意见对《章程》进行修订完善，提交各成员单位会签后发布。

（二）参加相关法典委员会系列会议

2012 年共派出约 40 人次参加了 11 个国际食品法典委员会的会议。参加了国际食品法典大会、亚洲协调委员会及部分横向委员会的会议，首次派员参加了两次执委会会议，并对停留在第 8 步标准（莱克多巴胺）等重要议题提出了意见。

（三）对相关法典议题和标准进行审议、研究

秘书处于国际食品添加剂法典委员会、食品污染物法典委员会会前组

织了预备会，由参会人员、专家及行业或企业代表对会议主要议题进行共同磋商，形成代表国家立场观点的意见，对关注的重点议题提交了书面意见。积极参与国际食品法典相关标准的制定修订工作。如加工助剂数据库的建立和维护、大米中砷限量标准草案、非发酵豆制品区域标准等。此外，中国还参加了各个委员会的相关实际工作组和电子工作组工作，并适时表达中国的立场，维护国家利益。

五、食品安全相关世界贸易组织卫生与植物卫生措施（WTO/SPS）通报评议工作

（一）WTO 成员通报信息收集及评议工作

2012 年收到 WTO 通报成员 SPS 措施共 1000 余项。秘书处将与卫生部职能相关的 150 余项通报内容进行初步分析并转发给食品安全国家标准审评委员会各分委会秘书处及其他相关领域专家，咨询 1000 余人次，其中近 20 项收到专家的评议意见，秘书处根据反馈内容将其中 9 项通报卫生部，并向 WTO 成员转发了评议意见，涉及美国 2 项、欧盟 1 项、韩国 3 项、新加坡和哥伦比亚各 1 项。收到对方反馈 2 项。

（二）处理其他成员对我方食品安全国家标准的评议

卫生部向 WTO 通报的食品安全标准相关措施达 30 项，包括基础标准、产品规范及多项产品标准。这些措施收到美国、欧盟、澳新等国家和地区多个 WTO 成员的 100 多条评议意见。秘书处负责对评议意见进行翻译、信息整理并与食品安全国家标准审评委员会各分委会的秘书处合作，将评议意见及时反馈起草人，根据信息反馈对其中 10 多项标准的评议意见向对方进行了回复。

（三）参加SPS例会

2012年参加了3次WTO/SPS例会，会上就墨西哥关于我国蒸馏酒标准中龙舌兰酒甲醇限量的设定问题、欧盟就我国蒸馏酒标准中甲醇设置问题、韩国就米酒和泡菜中微生物指示菌设置问题、挪威就三文鱼中致病菌问题等多项议题分别准备了答复口径，并与对方进行了双边磋商。

六、国际食品添加剂法典委员会秘书处工作

第44届国际食品添加剂法典委员会（CCFA）于2012年3月12～16日在中国杭州召开，这是中国作为CCFA主持国以来主办的第6届委员会会议，也是食品风险评估中心成立后承办的首次CCFA会议。会议主席陈君石院士主持了全程会议，陈啸宏副部长出席会议并致辞。来自世界51个国家及29个国际组织的211名代表参会，中国派出了由卫生部牵头，包括国务院食品安全委员会办公室、商务部、工业与信息化部、农业部、国家质检总局、国家食品药品监管局共15名成员参加的中国代表团。食品风险评估中心主任助理王竹天研究员担任代表团团长。

CCFA秘书处克服了人员紧张、经费不足、程序繁杂等诸多困难，履行主持国的职责，顺利完成会议技术文件的准备、代表注册登记、选择主会场及配套设施等工作。

七、标准相关科研工作

为提高标准制定修订质量，积极申请课题和开展相关合作，围绕标准制定开展基础性研究工作。如食品标签基本用语规范性研究、婴幼儿食品安全国家标准跟踪评估研究、重点营养素风险评估研究等。相关研究已作为标准制定修订工作的基础和参考。

食品安全风险交流工作

食品安全风险交流是在风险分析全过程中，风险评估人员、风险管理人员、消费者、企业、学术界和其他利益相关方就某项风险、风险所涉及的因素和风险认知相互交换信息和意见的过程，内容包括解释风险评估结果和提供风险管理决策依据。通过全面的风险交流，可以起到食品安全风险教育的目的，使公众了解食品安全知识和食品安全问题的真相，理解政府制定的食品安全相关政策和采取的监管措施，调和并消除政府、企业界、科学界、公众之间关于食品安全风险问题的矛盾和误解，可使涉及风险分析的各方建立足够信任。

针对目前食品安全风险交流工作较为薄弱的情况，国家食品安全风险评估中心认真梳理风险交流工作现状、存在的问题，将风险交流作为中心重点建设工作之一，在建立健全工作制度、回应社会关注的食品安全热点和开展科普宣教等方面取得了新进展。

一、建立食品安全风险交流相关制度与工作机制

食品风险评估中心“边组建、边工作、边规范”，初步建立了适应形势需要的风险交流相关制度和工作机制。制定了《食品安全舆情处置工作规定（试行）》，从制度上明确并规范了舆情处置和新闻宣传相关工作机制，并成立了食品安全风险评估中心风险交流工作组，明确了内部工作流程。

二、主动开展与公众、媒体的交流活动

（一）组织公众开放日活动

为加强与公众的沟通和交流，更好地传播食品安全科学知识，食品风

险评估中心定期举办开放日活动。

2012 年 2 月 24 日，中心召开“炊具锰迁移对健康影响有关问题”媒体风险交流会，对外介绍了应急监测与评估结果，中央电视台、中央人民广播电台、新京报、人民网、搜狐网等 30 余家媒体进行了报道，相关舆情迅速降温。6 月 15 日，为配合 2012 年食品安全宣传周，食品风险评估中心组织了开放日主题活动；7 月 31 日举办了“食品安全标准面对面”开放日活动；10 月 23 日举办了“科学评估 健康生活”开放日活动；12 月 18 日举办了“合理饮食 平安双节”开放日活动，介绍了节日期间饮食营养与健康的内容。

举办开放日活动，一方面介绍食品安全标准、风险评估及风险监测等核心业务工作，另一方面结合社会热点、焦点问题与多层次群体开展互动与交流，参加人数累积超过 300 人，包括中小学生、高校学生、社区居民、食品生产经营单位的人员、民间社团和媒体等。根据调查反馈统计，90%以上的参与者反映收获很大。

（二）与新闻单位合作开展科普宣教工作

针对社会热点事件，食品风险评估中心积极组织专家接受媒体采访，及时回应社会关切，正确引导舆论，帮助消费者正确认识食品安全问题。

2012 年 2 月，食品风险评估中心专家接受健康报记者采访，介绍了食品安全风险监测、评估、标准和交流工作的情况。3 月，参与完成了中央电视台“生活早参考”栏目专题系列节目“5 问食品安全新政”的制作。4 月，中心专家接受中央电视台采访，回应“可乐检出 4—甲基咪唑”安全性问题。7 月，《瞭望东方周刊》深度采访报道食品风险评估中心成立以来的工作。8 月，《人民日报》、《经济日报》、《光明日报》记者采访事业单位法人治理结构改革试点情况。12 月，中央电视台“新闻调查”、“面对面”栏目采访中心专家介绍转基因食品“黄金大米”安全性问题。“东方时空”栏目采访专家介绍我国对牛初乳的标准管理情况及相关知识。

针对圣元奶粉致性早熟、注胶虾、反式脂肪酸、食品包装材料、牛奶中黄曲霉毒素、注水肉、雅培奶粉、工业明胶、蜜饯食品添加剂滥用、雀巢和亨氏部分食品含致癌物、茶叶农药残留、红烧肉使用添加剂、明胶猪耳朵、牛奶中使用二氧化氯、化工染料萝卜干、苹果加药袋、美国阪崎杆菌污染、婴儿配方粉汞异常、食品包装用纸等社会热点问题，通过多种渠道发布相关信息，组织专业技术人员撰写科普文章，制作科普展板、台历等，逐步培养公众理性看待食品安全的理念。

以转基因食品安全的舆情应对为例。在湖南出现“黄金大米”事件以后，食品风险评估中心组织力量积极跟进事件的进展，从各方获得科学评估的信息。及时向上级主管部门提交《转基因“黄金大米”安全评价相关信息和工作建议》、《黄金大米风险交流相关情况的分析与建议》、《关于法国大学公布转基因玉米毒性实验结果引发激烈争议相关情况的报告》、《转基因“黄金大米”安全性情况报告》、《转基因“黄金大米”科普知识问答参考材料》等技术报告。在处理和应对“黄金大米”舆情方面，按照卫生部统一部署，深入湖南衡阳江口镇事发现场做科普宣传，在中央电视台新闻频道“新闻调查”和“面对面”节目介绍转基因食品的安全性情况，为妥善应对舆情、稳定社会情绪发挥了重要作用。

（三）探索使用新媒体

近年来，随着互联网应用规模的不断扩大和普及，互联网已经成为继报纸、广播、电视之后影响最大、最具潜力的新兴媒体。互联网信息交流的开放性和互动性以及传播速度快的特点，使之成为曝光当前国内食品安全事件的重要平台。在新的舆论环境下，食品风险评估中心注重提升运用新兴媒体的能力，积极利用网络媒体引导食品安全舆论。食品风险评估中心分别在新浪网与腾讯网建立“食品安全标准”微博账号，利用新媒体宣传食品安全标准知识。截至2012年12月，粉丝接近5万人，除了发布食品风险评估中心日常工作动态之外，还组织食品风险评估中心专家与网民互动。同时，通过微访谈的形式对公众食品安全标准问题进行答疑解惑。

（四）拓展外部宣传平台

在继续组织好公众开放日和媒体沟通活动的同时，与中央电视台等20余家媒体建立工作联系，积极尝试新的风险交流模式。如参与百度百科“有知识、无末日”专题视频制作，该短片播放超过110万次；派出专家在浙江省科协、科学松鼠会共同主办的“科学传播训练营”做食品安全知识科普。

三、加强食品安全舆情监测与处置

开展食品安全舆情监测，及时捕捉与食品安全相关的舆情动向，对涉及食品安全风险监测、评估、标准制修订内容的舆情进行重点监测，并予以分析和研判，发现重要舆情信息及时组织相关业务部门会商，提出并实施风险交流措施。例如，针对“方便面桶外层荧光物超标”舆情，及时组织部门会商，通过食品风险评估中心网站发布有关情况的说明；针对“伊利婴儿配方粉汞含量异常”和“酒鬼酒塑化剂超标”等10余起热点事件开展每日舆情跟踪工作并组织召开专家研讨会，提出风险交流方案，准备新闻口径等；针对“德国从中国进口草莓污染诺如病毒”事件，通过国际专家及时了解背景信息和专家意见，将有关情况主动向卫生部上报。

食品风险评估中心通过开展舆情监测和研判工作，加强与公众和媒体的交流，及时回应社会关切，传播食品安全科学知识，在帮助百姓正确认识食品安全问题方面发挥了正能量。

食品安全风险评估重点实验室建设

一、卫生部食品安全风险评估重点实验室申报

（一）评审论证

食品风险评估中心于2012年5月14日向卫生部报送《关于建立“卫生部食品安全风险评估重点实验室”暨“食品安全风险评估国家重点实验室培育基地”的请示》（国食评报发〔2012〕38号）。依据《卫生部重点实验室管理办法》的有关规定，卫生部于2012年7月12日对食品风险评估中心申请设立卫生部食品安全风险评估重点实验室进行了评审论证。评审专家组由方荣祥院士、江桂斌院士、詹启敏院士、谢剑炜教授、张建中教授、沈建忠教授和邬堂春教授组成。

（二）获批

经卫生部批准，在卫生部二噁英实验室、中国疾病预防控制中心化学污染与健康安全重点实验室和世界卫生组织食品污染监测合作中心（中国）基础上，联合中国科学院上海生命科学研究院营养科学研究所食品安全研究中心主要骨干，以食品风险评估中心为依托，于2012年7月18日正式组建卫生部食品安全风险评估重点实验室。

实验室实行主任负责制，现任主任为吴永宁研究员。实验室实行学术委员会评审制。学术委员会是重点实验室的学术指导机构，主要任务是审议重点实验室的目标、任务和研究方向，审议重点实验室的重大学术活动、年度工作，审批开放课题。学术委员会成员每届任期3年，现任学术委员

会主任为陈君石院士，副主任委员为江桂斌院士，委员为徐建国院士、庞国芳院士、陈宗懋院士、詹启敏院士、谢剑炜研究员、郝卫东教授、庄志雄教授、蔡宗苇教授和吴永宁研究员。

2012 年 8 月 6 日，经食品风险评估中心党政联席会研究决定：组建卫生部食品安全风险评估重点实验室建设管理委员会，委员会主任委员为中心主任刘金峰，副主任委员为中心党委书记侯培森和首席专家吴永宁，委员为李宁、徐汝、韩宏伟、王永挺、齐军、孙景旺和李业鹏七位同志；根据建设管理委员会主任刘金峰和重点实验室主任吴永宁提议，聘任李宁、郑玉新和王慧三位同志担任卫生部食品安全风险评估重点实验室副主任，任期 3 年。

（三）研究概况

重点实验室立足学科前沿，确定总体研究方向：以食品危害物对健康影响的风险评估为目标，开展暴露分析表征与转化毒理学研究以及食源性疾病预警与病因溯源研究，并同步建立食品危害物的化学与微生物监测参比实验室体系。重点研究方向：①食品危害暴露的分析表征技术；②食源性疾病溯源与人体健康效应风险评估技术；③基于系统生物学发展转化毒理学新技术。

重点实验室在食品污染监测、暴露表征与毒理学及其健康效应评估领域具有多年的学科积累，形成了以中国工程院院士、国家杰出青年科学基金获得者、国家百千万人才为学术带头人，中青年学术骨干、留学归国博士为中坚力量的研究队伍。在化学污染物分析表征、膳食暴露评估、中国总膳食研究、不明原因食物中毒等领域处于国际先进水平。卫生部食品安全风险评估重点实验室致力于研究对我国食品安全有重大影响的污染监控的分析表征、暴露评估与健康效应，初步建立了食源性疾病监测和溯源技术体系。将污染化学、微生物学与食品毒理和健康效应结合起来，开展多学科交叉研究是重点实验室的重要特色。

二、理化实验部

（一）推进第五次中国总膳食研究

第五次中国总膳食研究执行期为 2009 ~ 2013 年，共有 21 个省（自治区、直辖市）参与，截至 2012 年底，17 个省（自治区、直辖市）完成膳食调查、样品聚类和采集及烹调制备。2012 年 5 月组织吉林、山西、广东、青海和内蒙古 5 个省（自治区）在广州召开第五次中国总膳食研究培训会。食品风险评估中心建立和完善了总膳食样品测定的相关检验方法，开展了有机磷类、有机氯类、拟除虫菊酯类、氨基甲酸酯类、三嗪类除草剂等农药残留、持久性有机污染物（二噁英、多氯联苯、全氟化合物、多溴联苯醚）等检测，获得了 10 余个省混合膳食样品的测定结果。

（二）不锈钢锅锰质量评价

2012 年 2 月，针对“苏泊尔”不锈钢炊饮具中锰迁移事件，食品风险评估中心在北京市场采集了 28 份不锈钢成型品和 4 份不锈钢板材，进行了锰、铅、镉、铬等迁移量测定，并进行相关质量评价，对事件的平息提供技术支持。

（三）食品中铬应急监测

2012 年 4 月，在胶囊铬超标事件中，食品风险评估中心一方面组织全国性的应急监测，同时在北京市场采集部分明胶原料和可能使用明胶的食品，进行总铬测定，为制定国家应急监测计划提供基础。

（四）婴幼儿配方食品中汞异常监测

2012 年 6 月，在婴幼儿配方食品汞异常的技术复核工作中，食品风险评估中心在北京市场采集了近200份婴幼儿配方食品进行了总汞测定，并应用建立的甲基汞测定方法对总汞含量异常的样品进行甲基汞测定。结果显示，汞的异常主要是由无机汞引起。这为事件的危害性评价提供了重要技术支持。

（五）“地沟油”检测方法征集及论证

2011年12月13日，食品风险评估中心协助卫生部通过网站向社会公开征集“地沟油”检测方法，并组织开展了方法论证工作。对征集的762条建议进行梳理分析，组织“地沟油”检测方法论证专家组对288个单位及个人的315条方法进行论证和研讨。组织筛选30个单位进行盲样考核，根据28个单位的第一次盲样考核结果，再筛选15个单位进行第二次盲样考核。2012年3月28日组织召开专家会，制定了“地沟油”检测方法筛选原则，协助专家组推荐了4个仪器检测方法和3个可作为现场初筛的快速检测方法作为“地沟油”检测的组合筛选方法。结合专家组论证意见，组织相关单位对遴选的4个仪器检测方法和3个快速检测方法进行改善和改进。2012年8月10日委托深圳市疾控中心在广东省深圳市召开了“地沟油”检测方法专家研讨会，进一步提出了实验室间协同性验证及培训的建议。

（六）调味品“塑化剂”应急检测

针对互联网上关于酱油、醋等调味品“塑化剂”问题的传言，食品风险评估中心随机在北京市场上采集部分酱油、醋等食品进行“塑化剂”应急检测，结果未发现“塑化剂”含量异常，不存在食品安全问题，及时消除消费者的恐慌。

（七）举办食品中非法添加物筛查技术研讨会

2012年11月3日，食品风险评估中心在河南省郑州市召开了“食品中非法添加物筛查技术研讨会”。来自全国27个省（自治区、直辖市）及新疆生产建设兵团的疾病预防控制中心理化检验技术负责人共60余人参加了会议。有关专家介绍了非法添加物检测技术要求、质谱技术在非法添加物筛查中应用进展以及动物源性食品中禁用药物、促生长剂、植物性食品中禁用农药、水产品中生物毒素等筛查技术的应用实践。

三、毒理实验部

（一）毒理学数据库

毒理学数据库工作拟通过建立食品中主要有毒有害物质毒理学数据库，为食源性危害的识别和剂量效应关系描述提供科学数据，同时作为确定食品中食源性危害的检索工具。在前期工作的基础上，正在进行数据库的维护和完善。截至2012年年底，相关数据库软件已经构建完成，数据库处于实时管理和维护中，已经录入毒理学资料比较完善的有毒有害物质400多个。

（二）标准制定和修订

负责组织《食品安全性毒理学评价程序和方法》共25个标准的制定和修订工作，毒理实验部承担了包括食品安全性毒理学评价程序、细菌回复突变试验、急性毒性试验等17项标准，该标准是食品毒理学领域唯一的一套食品安全国家标准，该标准的制定和修订对保障食品安全和建立与国际接轨的食品安全性毒理学评价技术体系具有重要意义。

（三）规划国家食品毒理学计划

国家食品毒理学计划的主要目的是统筹现有的各种毒理学资源，构建一个全国性平台，培养一支全国性队伍，为食品安全风险评估提供技术支撑，并最终促进食品毒理学科的发展。具体构想是，由食品风险评估中心牵头，以从事食品毒理工作的全国省级疾控机构及大专院校为主体，通过设立相关的专家委员会，负责制定年度计划，评价物质提名，确定优先评价项目，审阅评价报告等；委员会秘书处由毒理实验部承担。国家食品毒理学计划主要工作包括：食品中主要有毒有害物质毒性数据库完善，稀土元素的安全性评估研究和食品用纳米材料的毒理学效应研究。国家毒理学计划得到卫生部的支持，正在积极推进中。

（四）食品检验技术服务

1. 毒理学安全性评价

毒理学安全性评价是毒理实验部的主要技术服务工作，主要评价对象包括食品添加剂、新资源食品、保健食品、转基因食品等，主要检验项目包括急性毒性试验、遗传毒性实验、30 天喂养实验、90 天喂养实验和致畸实验等。自食品风险评估中心组建以来（2011 年 10 月 ~2012 年 12 月）毒理实验部共承担 102 项相关实验，已经完成 81 项实验，尚有 21 项实验正在进行中。

2. 功能学评价

研究对象为保健食品，检验项目包括辅助降血糖、辅助降血压等，自食品风险评估中心组建以来（2011 年 10 月 ~2012 年 12 月）毒理实验部共承担功能学实验 18 项，已经完成 14 项。

3. 资质认证

按照相关要求，进一步完善部门相关程序文件，保证了食品风险评估中心食品检验机构资质认证的顺利通过。此外，积极准备保健食品注册检验机构的认证工作。

四、微生物实验部

（一）为国家食品安全风险监测工作提供技术支持

组织制定《2012年国家食源性致病菌风险监测计划》、《2012年食源性致病菌监测工作手册》和《2012年全国食源性致病菌监测数据汇总系统平台用户工作手册》；为确保上报监测数据的统一规范，主持完成《2012年国家食源性致病菌风险监测计划》中各类监测食品分类字典的编制；完成2011年食品安全风险监测地方上交的2000余株致病菌的复核鉴定、耐药性检测及菌株同源性分析，为开展食源性致病菌的溯源分析和风险评估提供了基础数据。

（二）开展鸡肉中弯曲菌定量风险评估方法的建立和培训工作

鸡肉中弯曲菌定量风险评估是国家食品安全风险评估专家委员会确定的2012年国家优先评估项目。为确保所需数据的准确可靠，微生物实验部在优化各种实验条件的基础上，建立了定量检测、鉴定鸡肉中5种弯曲菌的检测方法，并完成全国7个专项监测点的采样、检测方法培训和检测质量控制。通过连续一年的监测，每个监测点可获得240份样品、全国共计1680份样品的定量检测结果，为首次开展鸡肉中弯曲菌污染对我国居民健康影响的风险评估提供技术支持。

（三）为中南海北区食品安全保障提供技术支持

按照中南海北区卫生保障工作计划安排，微生物实验部于2012年6～10月，每月两次赴中南海北区大、小食堂现场采样，承担北区食品安全卫生保障任务，完成包括凉拌菜、热菜、主食等在内共计290份样品中细菌总数、大肠菌群、致病菌的检验和评价。同时完成78份调味品和牛奶样品中微生物、黄曲霉毒素等指标的检测与评价。对监测中发现的隐患及时提出有效的防范措施。

（四）全国食源性致病菌检测技术能力培训和指导

根据国家食品安全风险监测工作安排和地方在食源性致病菌检验工作中存在的问题，分别针对志贺氏菌、腊样芽孢杆菌等致病菌举办3期全国性检测技术培训；针对西部地区在食源性致病菌检测中存在的问题，派员赴西藏为当地疾病预防控制中心的检验人员进行蜡样芽孢杆菌、李斯特氏菌和阪崎肠杆菌等现场检测技术操作培训和指导；派员赴青海协助当地疾控机构针对发生在果洛藏族自治州玛多县藏族家庭的不明原因食物中毒死亡事件进行发病原因调查。

（五）食品物种鉴别技术建立

初步建立鲀毒鱼鱼种DNA条形码鉴定技术，建立针对细胞色素B和细胞色素氧化酶亚基I为核心的鲀毒鱼鱼种PCR鉴定方法，为进一步开展其他食品物种的鉴定、打击非法添加和食品标识不当行为奠定基础。

五、加强实验室管理和质量控制

（一）依法开展实验室活动，积极申请相关资质

1. 获得食品检验机构资质认定证书

根据《食品安全法》第五十八条要求，获得食品检验机构资质是实验室开展食品检验活动的前提。国家认监委于2012年8月6日派出专家组对食品风险评估中心质量管理体系建立和运行情况及技术能力情况进行了现场核实和评价，并于2012年8月30日颁发了食品检验机构资质证书（证书号F2012000179），为食品风险评估中心依法开展食品检验活动，完成相

应工作职责和申请其他食品检验活动资格奠定了基础。

2. 提出食品复检和保健食品注册检验机构资质申请

食品风险评估中心质量控制办公室积极组织申报资料，于2012年10月提出食品复检机构资格申请。2012年12月，食品风险评估中心组织职工参加保健食品注册检验机构遴选知识培训，为食品风险评估中心顺利通过保健食品注册检验机构评审奠定了基础。

3. 完成生物安全二级实验室备案，依法开展病原微生物研究活动

根据《病原微生物实验室生物安全管理条例》第二十五条规定，新建、改建或者扩建一级、二级实验室，应当向设区的市级人民政府卫生主管部门或者兽医主管部门备案。2012年12月，食品风险评估中心向北京市朝阳区卫生局申请，按照规定要求，及时获得了生物安全二级实验室备案证明，为食品风险评估中心生物安全实验室规范管理奠定了基础。

（二）建立并实施实验室质量管理体系，保证实验室工作质量

1. 建立并完善了实验室质量管理体系

根据《食品检验机构资质认定管理办法》、《食品检验机构资质认定评审准则》、《食品检验机构资质认定条件和检验工作规范》及食品风险评估中心实验室质量管理的实践经验，质量控制办公室于2012年6月编制了食品风险评估中心质量管理体系第一版文件。

2. 组织内部质控考核并参加国际比对

为证明食品风险评估中心食品检验的准确性，组织理化实验部和微生物实验部参加国际比对和内部质控考核。组织微生物实验部参加世界卫生组织（WHO）全球沙门氏菌监测网（GSS）能力验证计划，参加WHO组织的沙门氏菌、空肠弯曲菌及药物敏感性检验能力验证，成绩优异。组织理化实验室部参加国际权威组织的农残、重金属检验能力验证，成绩优异。

（三）建立并完善实验室安全管理制度，保障安全的工作环境

保障实验室安全是实验室工作的重中之重，是实验室开展工作的前提。秉承“制度、责任、落实、监督”四到位原则，食品风险评估中心建立实验室安全管理制度，实行网格化及分层管理，签订安全责任书，责任到位；加强实验室安全培训，增强操作人员安全意识；加强实验室安全监督检查，日常、定期、不定期监督检查相互补充，督促实验室人员落实操作要求和细则，避免及消除实验室安全隐患；组织开展应急演练，提高实验室人员按照实验室应急预案处理实验室突发事件的能力，创造安全、舒适的工作环境。

附表

表1　2012年食品风险评估中心技术性文件

时间	名称	备注
2011年11月	可用于婴幼儿食品的菌种名单	卫生部公告2011年第25号
2012年1月	关于批准部分食品添加剂和营养强化剂扩大使用范围及用量的公告	卫生部公告2012年第1号
2012年	GB 5009.1 食品安全理化检验方法总论	
2012年	GB 15193 食品安全性毒理学评价程序和方法	本国标中共有23项标准，毒理实验部负责其中16项标准的修订
2012年2月	不锈钢安全标准知识问答	卫生部官网发布
2012年2月	GB 25596—2010《特殊医学用途婴儿配方食品通则》问答	卫生部官网发布
2012年2月	GB 14880—2012 食品营养强化剂使用标准	卫生部官网发布
2012年2月	2011年国家食品安全风险监测结果的风险评估报告	
2012年3月	2011年食品安全风险监测数据分析和工作报告	微生物和食源性疾病部分
2012年3月	2011年国家食品安全风险监测结果报告摘要	微生物和食源性疾病部分
2012年3月	2011年全国食品安全总体状况报告	食源性疾病部分
2012年4月	关于批准紫甘薯色素等9种食品添加剂的公告	卫生部公告2012年第6号
2012年4月	食品相关产品标准框架体系	
2012年4月	食品安全风险监测技术规范	草稿
2012年4月	食用燕窝中亚硝酸盐知识问答	卫生部官网发布
2012年4~5月	食醋、酱油、调味料酒（黄酒）、味精和酱的专项监测报告	
2012年4~12月	保健食品毒理学和功能学检验方法培训教材	食品部分15项

续表

时间	名称	备注
2012 年 5 月	食品中明胶铬监测总结报告	
2012 年 6 月	食品安全标准与法典	通讯
2012 年 6 月	婴幼儿食品中汞的专项监测报告	
2012 年 6～10 月	2013 年国家食品安全风险监测计划	
2012 年 6 月	违禁药物、非食用物质和致病菌结果通报	
2012 年 6 月	加强亚太地区食品安全风险评估能力建设	APEC 项目书
2012 年 7 月	内蒙古自治区食品安全风险监测评估体系建设情况调研报告	
2012 年 7 月	浙江省食品安全风险监测评估体系建设情况调研报告	
2012 年 7 月	食品用包装用纸适用标准有关情况的说明	食品风险评估中心网站发布
2012 年 7 月	GB 28050—2011《预包装食品营养标签通则》问答	卫生部官网发布
2012 年 7 月	食品安全风险监测结果阶段性分析报告	
2012 年 7 月	2012 年上半年食品污染物和有害因素监测任务完成情况	
2012 年 7 月	食品安全国家标准 食品中致病菌限量	卫生部网站征求意见
2012 年 8 月	关于批准焦磷酸一氢三钠等 5 种食品添加剂新品种的公告	卫生部公告 2012 年第 15 号
2012 年 8 月	食品包装材料清理工作总结报告	
2012 年 8 月	食品添加剂风险评估工作指南	草稿
2012 年 8 月	我国零售鸡肉中沙门氏菌污染对人群健康影响的初步定量风险评估	
2012 年 9 月	我国食品安全监管资源调查与分析项目计划书	
2012 年 9 月	食品添加剂、食品相关产品、营养与特殊膳食标准清理方案	
2012 年 9 月	食品包装材料清理第三批拟批准的添加剂名单	卫生部官网发布

续表

时间	名称	备注
2012年9月	国际食品安全风险评估研讨会会前需求报告	
2012年10月	国际食品安全风险评估研讨会调查报告	
2012年10月	2013年国家食源性疾病监测工作手册	
2012年10月	GB 14880—2012《食品营养强化剂使用标准》问答	卫生部官网发布
2012年10月	国家食品安全风险监测评估体系建设2013~2015年工作规划	微生物和食源性疾病部分
2012年10月	食品安全风险监测体系建设方案(2011~2015年)	微生物部分
2012年10~12月	2013年国家食品安全风险监测工作手册	
2012年11月	国际食品安全风险评估研讨会会后追踪调查报告	
2012年11月	违禁药物、非食用物质和致病菌结果通报	
2012年12月	APEC项目“加强亚太地区食品安全风险评估能力建设”结题报告	
2012年12月	我国主要粮食作物中铝的本底含量的初步调查工作方案	
2012年12月	食品安全风险评估报告发布管理规定	草稿
2012年12月	2012年食品安全监管和检验资源调查方案	
2012年12月	2011年和2012年邻苯二甲酸酯类物质监测结果总结报告	
2012年	毒理学安全性评价程序	国标
2012年	急性经口毒性实验	国标
2012年	细菌回复突变试验	国标
2012年	小鼠精原细胞/精母细胞染色体畸变试验	国标
2012年	28天经口毒性试验	国标
2012年	90天经口毒性试验	国标

续表

时间	名称	备注
2012 年	致畸试验	国标
2012 年	生殖毒性试验	国标
2012 年	生殖发育毒性试验	国标
2012 年	毒物动力学试验	国标
2012 年	慢性毒性试验	国标
2012 年	致癌试验	国标
2012 年	慢性毒性和致癌合并试验	国标
2012 年	受试物的处理方法	国标
2012 年	健康指导者的制定	国标
2012 年	致癌物和致畸物的处理	国标
2012 年	病理学方法	国标
2012 年	食品标准清理工作实施方案	
2012 年	食品安全标准工作程序手册	
2012 年	食品生产通用卫生规范	
2012 年	食品添加剂生产卫生规范	正在起草
2012 年	食品容器、包装材料生产卫生规范	正在起草
2012 年	速冻食品生产卫生规范	正在起草
2012 年	《豆制品》标准	正在起草
2012 年	《方便面》标准	正在起草

表2　2012年参与处理突发食品安全事件工作情况

时间	内　　容	本单位参加人数
2012年1月	乳与乳制品黄曲霉毒素M1的应急风险评估	5
2012年2月	不锈钢炊具锰迁移事件的处置工作	10
2012年3月	婴幼儿洋奶粉添加糊精的解读	2
2012年3月	关于婴儿配方食品中乳清蛋白比例的说明	2
2012年4月	胶囊铬超标事件的处置工作	3
2012年4~5月	明胶食品中铬监测	5
2012年4月	食品违法使用工业明胶应急处置风险交流工作	2
2012年4月	含铝婴幼儿配方食品对婴幼儿健康影响的应急风险评估	5
2012年5月	普洱茶中黄曲霉毒素对人群健康影响的应急风险评估	5
2012年5月	开展“血粉勾兑鸭血”事件相关评估和回文工作，提出科学建议和评议	5
2012年5月	开展“亚硝酸盐超标食品”相关评估和回文工作，提出科学建议和评议	5
2012年5月	开展“塑料饭盒迁移”事件相关评估和回文工作，提出科学建议和评议	5
2012年5月	开展“明矾蜂蜜”事件相关评估和回文工作，提出科学建议和评议	5
2012年5月	参与调味品专项整治	5
2012年6月	开展伊利奶粉汞异常应急监测和风险评估	5
2012年6月	开展“化工染料染绿萝卜干”事件相关评估和回文工作，提出科学建议和评议	5
2012年6月	开展“工业盐水制酱油”事件相关评估和回文工作，提出科学建议和评议	5
2012年7月	可乐中4－甲基咪唑事件风险交流	3
2012年7月	开展“油条精”事件相关评估和回文工作，提出科学建议和评议	5
2012年8月	纸餐盒中荧光增白剂事件风险交流	5
2012年8月	开展“南京小龙虾致横纹肌溶解症”事件相关评估和回文工作，提出科学建议和评议	5

续表

时间	内　　容	本单位参加人数
2012 年 8 月	开展“婴儿配方奶粉涉嫌添加香兰素”事件相关评估和回文工作，提出科学建议和评议	5
2012 年 10 月	赴青海开展食物中毒防控调研工作	1
2012 年 10 月	“黄金大米”安全性评价和风险交流	15
2012 年 11 月	赴湖南衡阳黄金大米试验现场进行风险交流	1
2012 年 11 月	向卫生部提供“关于法国大学公布转基因玉米毒性实验结果引发激烈争议相关情况的报告”	15
2012 年 12 月	白酒中塑化剂应急监测及风险交流	30
2012 年 12 月	处置邻苯二甲酸酯结果异常问题	4

表 3　2012 年食品风险评估中心举办全国性会议情况

时间	名称	参加人数	地点
2012 年 1 月	“中国铁强化水平的风险评估研究”项目总结会和专家汇报会	36	北京
2012 年 1 月	2011 年立项食品包装材料标准研讨会	40	上海
2012 年 1 月	食品安全标准研讨会	25	四川
2012 年 2 月	食品包装材料清理工作第十次工作组会议	20	北京
2012 年 2 月	2011 年中国食品法典委员会年会	30	北京
2012 年 2 月	食品添加剂法典委员会预备会	30	北京
2012 年 2 月	分析采样方法法典委员会预备会	20	北京
2012 年 2 月	食品污染物法典委员会预备会	20	北京
2012 年 2 月	第一届食品安全国家标准审评委员会第六次主任会议	90	北京
2012 年 2 月	国家食品安全风险评估专家委员会第五次会议	60	北京
2012 年 2 月	2012 年食品添加剂新品种第一次评审会议	21	北京
2012 年 2 月	GB 2760 标准修订工作启动会议	30	北京
2012 年 3 月	2012 国家食品安全风险监测工作研讨会	160	广西
2012 年 3 月	一般原则法典委员会预备会	20	北京
2012 年 3 月	第 44 届国际食品添加剂法典委员会会议	300	浙江
2012 年 4 月	食品包装材料清理工作第十一次工作组会议	20	北京
2012 年 4 月	食品相关产品分委会第三次会议	35	北京
2012 年 4 月	标准跟踪评估讨论会	32	北京
2012 年 4 月	2012 年食品添加剂新品种第二次评审会议	22	北京
2012 年 4 月	GB 2760 第二次标准修订会议	30	北京
2012 年 5 月	“毒理学关注阈值概念”在食品中应用研讨会	100	北京
2012 年 5 月	纳米材料研讨会	100	北京
2012 年 5 月	第一届食品安全国家标准审评委员会食品添加剂分委员会第五次会议	50	江苏

续表

时间	名称	参加人数	地点
2012 年 5 月	食品标签法典委员会预备会	20	北京
2012 年 5 月	食品包装材料清理工作第十二次工作组会议	20	北京
2012 年 5 月	GB 2760 第三次标准修订会议	30	北京
2012 年 6 月	2012 年食品添加剂新品种第三次评审会议	18	北京
2012 年 6 月	GB 2760 第四次标准修订会议	30	北京
2012 年 6 月	国际食品法典大会预备会	20	北京
2012 年 6 月	食品安全标准 2012 新项目启动会	200	北京
2012 年 6 月	汞含量异常专家研讨会	30	广西
2012 年 7 月	监测数据库整改工作会	20	北京
2012 年 7 月	2013 年监测计划起草研讨会	20	北京
2012 年 7 月	GB 2760 第五次标准修订会议	30	北京
2012 年 7 月	GB 2760 第六次标准修订会议	30	北京
2012 年 7 月	反式脂肪酸风险评估专家组第二次会议	30	北京
2012 年 7 月	地沟油检测方法研讨会	50	北京
2012 年 8 月	食品安全标准研讨会	20	北京
2012 年 8 月	食品安全规范分委会第四次会议	50	北京
2012 年 8 月	第一届食品安全国家标准审评委员会食品添加剂分委员会第六次会议	50	北京
2012 年 8 月	2012 年食品添加剂新品种第四次评审会议	23	北京
2012 年 8 月	GB 2760 第七次标准修订会议	30	四川
2012 年 8 月	2013 年监测计划研讨会	40	四川
2012 年 8 月	2013 年食源性疾病监测计划（草案）暨工作规范研讨会	40	四川
2012 年 9 月	国家食品安全风险评估中心国际顾问专家委员会成立大会暨第一次会议	70	北京
2012 年 9 月	国际食品安全风险评估研讨会	250	北京
2012 年 9 月	2012 年食源性致病菌溯源关键技术高级论坛	40	湖南

续表

时间	名称	参加人数	地点
2012年9月	第一届食品安全国家标准审评委员会第七次主任会议	90	北京
2012年9月	食品包装材料清理工作第三批拟批准的添加剂名单研讨会	30	北京
2012年9月	联合国儿童基金会《孕妇强化食品调查》项目方案讨论会	20	北京
2012年9月	营养和特殊膳食食品分委员会第四次会议	30	北京
2012年9月	《食品安全国家标准 聚二甲基硅氧烷及乳液》标准研讨会	30	北京
2012年9月	食品安全风险分级研讨会	20	北京
2012年10月	亚洲协调会预备会	20	北京
2012年10月	2012年食品添加剂新品种第五次评审会议	20	湖南
2012年10月	2013年婴儿配方食品专项监测研讨会	40	黑龙江
2012年10月	2013年监测工作手册起草工作会	30	北京
2012年10月	国家食品安全风险评估专家委员会第六次会议	36	北京
2012年10月	反式脂肪酸研讨会	100	北京
2012年10月	食品安全膳食调查专家论证会	20	北京
2012年11月	标准清理研讨会	20	北京
2012年11月	特殊膳食法典委员会预备会	20	北京
2012年12月	食品安全标准工作研讨会	20	北京
2012年11月	食品包装用PET材料生产和使用情况调查讨论会	40	北京
2012年11月	2011年食品相关产品立项标准研讨会	60	上海
2012年12月	全国食品安全风险评估工作会议	150	江苏
2012年12月	GB 2760第八次标准修订会议	30	北京
2012年12月	《预包装特殊膳食用食品标签》意见处理会	50	北京
2012年12月	《特殊医学用途配方食品通则》意见处理会	60	北京
2012年12月	2012年食品添加剂新品种第六次评审会议	17	北京

表 4　2012 年食品风险评估中心举办全国性培训班情况

时间	名称	参加人数	地点
2012 年 2 月	《预包装食品营养标签通则》实施问答讨论会	43	北京
2012 年 4 月	2012 年国家食品安全风险监测采样与数据审核技术研讨会	120	北京
2012 年 4 月	2012 年国际食品安全论坛	200	北京
2012 年 5 月	2012 年国家食品安全风险监测元素及其形态检验技术培训及技术交流会	60	北京
2012 年 5 月	2012 年国家食品安全风险监测违禁药物和非食用物质技术培训会	60	北京
2012 年 5 月	2012 年全国食源性致病菌检测技术第一期培训班	30	浙江
2012 年 5 月	2012 年全国食源性致病菌检测技术第二期培训班	30	福建
2012 年 5 月	2012 年国家食品安全风险监测质量管理技术研讨会	99	吉林
2012 年 6 月	2012 年全国食源性致病菌检测技术第三期培训班	30	四川
2012 年 7 月	2012 年国家食品安全风险监测有机污染物及农药残留检验技术培训班	60	江苏
2012 年 7 月	《食品营养强化剂使用标准》问答讨论会	45	北京
2012 年 7 月	邻苯二甲酸酯检测方法培训会	45	浙江
2012 年 8 月	鸡肉中弯曲菌定量检测技术及采样方案培训	20	江苏
2012 年 8 月	启动我国零售阶段鸡肉中弯曲菌的定量监测工作,对全国 7 家项目合作单位进行采样方法和检测技术的培训	44	江苏
2012 年 10 月	2012 年 ICMSF 中国食品安全国际会议及食品微生物培训班	400	福建
2012 年 10 月	国际卫生检验技术与标准化论坛	100	福建
2012 年 11 月	食品掺假管理与检测研讨会	150	北京

表5 2012年基层调研工作情况

时间	内容	单位参加人数	地点
2012年4月	蜂蜜标准下访调研活动	10	浙江
2012年6月	核查乳酸钙的工艺必要性调研	3	广东
2012年7月	2012年全国药检药理检验工作调研	1	内蒙古
2012年7月	加强食品安全风险监测评估体系建设重点建议调研	1	内蒙古、浙江
2012年8月	核查魔芋生产过程中使用二氧化硫的工艺必要性调研	1	山东
2012年8~9月	食品中蜡样芽孢杆菌、李斯特氏菌和阪崎肠杆菌的实验室检测技术指导	1	西藏
2012年9月	国家认证实验室飞行检查	1	浙江
2012年10月	核查硫酸亚铁在臭豆腐中使用的工艺必要性调研	4	湖南
2012年10月	2012年卫生部食品安全风险监测工作督导检查	1	陕西、重庆
2012年10月	中心新址建设调研	9	广东
2012年11月	2012年卫生部食品安全风险监测工作督导检查	5	上海、山东、陕西、海南、黑龙江
2012年11月	国务院食安办食品安全工作督导	1	河南、山东

第三部分　技术工作报告

国家食品安全风险评估中心
2012年技术工作报告
（摘编）

国家食品安全风险评估中心于2011年10月13日正式成立，是首家采用理事会决策监督管理模式的国家级公共卫生事业单位，是中央编办确定的事业单位改革试点单位。食品风险评估中心承担国家食品安全风险评估、监测、预警、交流和食品安全标准制定修订等食品安全风险管理技术支撑工作。

在卫生部领导下，在理事会的监督管理下，在有关部门的大力支持下，食品风险评估中心按照陈啸宏理事长有关"建立规范的工作程序，健全良好的运行机制。抓人才队伍、抓基础设施、抓业务能力、抓思想作风"的具体要求，组建工作有序开展，各项业务工作平稳推进。在国家食品安全风险监测、评估和标准体系中发挥"龙头"和"晶核"作用。

第一，基本建成各级疾控机构为主、多部门参与的全国食品安全风险监测体系，共设置监测点1488个，覆盖了100%的省（自治区、直辖市及新疆生产建设兵团）、73%的地市和51.9%的县。2012年共对15.51万份样品进行监测并获得97.68万个监测数据。

第二，充分发挥国家食品安全风险评估专家委员会作用，确定优先评估计划，组织实施了食品中镉、铝、反式脂肪酸、沙门氏菌等十余个风险评估项目，不断规范风险评估程序，提升系统风险评估能力，为制定和修订食品安全标准提供科学依据。

第三，积极应对突发事件，对不锈钢炊具中锰、食品中铬、婴幼儿配方食品中汞、酒中塑化剂等开展应急监测和风险评估，甄别风险隐患，提供科学依据，为政府部门监管和应急事件处置提供了及时、有效的技术支持。

第四，立足国家需求，遵循国际原则，发挥食品安全标准技术保障作用。承担食品安全国家标准审评委员会秘书处职责，协助制定了《食品安全标准“十二五”规划》和500余项食品安全国家标准，其中302项标准已颁布实施，启动了近5000项食品标准的全面清理、整合，深入参与国际食品法典事务，主动争取话语权。

第五，针对社会关切，开展食品安全风险交流，传递科学信息，解疑释惑。食品风险评估中心建立了食品安全风险交流制度，开展舆情监测，提出舆情应对建议，采取媒体通气会、公众开放日、专家访谈、网站、微博等多种形式应对社会关切和舆论热点，传播科学知识。

一、食品安全风险监测、评估、标准、交流等技术支撑工作服务于食品安全风险管理

食品风险评估中心注重风险监测与预警、风险评估、标准制定修订、风险交流等业务环节的衔接、融合，服务于食品安全风险管理。

（一）食品中含铝添加剂健康风险的评估及管理

2007～2009年全国食品安全风险监测发现，备受消费者喜爱的油饼、油条、馒头、粉条、海蜇等11种使用含铝添加剂的食品中，铝的总超标率达40%。这种现象引起关注：我国食品中的铝是否会损害消费者健康？我国含铝食品添加剂的管理措施是否需要调整？

食品风险评估中心利用2007～2009年全国食品安全风险监测数据和2010年加工食品中铝含量专项监测数据（共计11类食品，6654份数据）开展膳食中铝的健康风险评估。

评估结果表明，从全国整体人群来看，我国居民铝的平均摄入量低于联合国粮农组织/世界卫生组织食品添加剂联合专家委员会（JECFA）制定的安全耐受摄入量（每周不超过2 mg/kg体重）；但对单个消费者进行分析发现，有32.5%的个体的铝摄入量超过安全耐受摄入量，其中4～6岁儿童超过的比例最高，达到42.6%。普通消费者从食物中摄入的铝，有44%来自面粉，24%来自馒头。对于儿童而言，铝主要来自膨化食品。由于我国北方居民以面食为主，北方铝摄入量超过安全耐受摄入量的现象较南方严重（见图1）。结合我国含铝添加剂的滥用现象以及本次风险评估结果，食品风险评估中心向相关部门提出了含铝添加剂要控制超量使用、限制使用范围、严格审批程序等政策性建议。

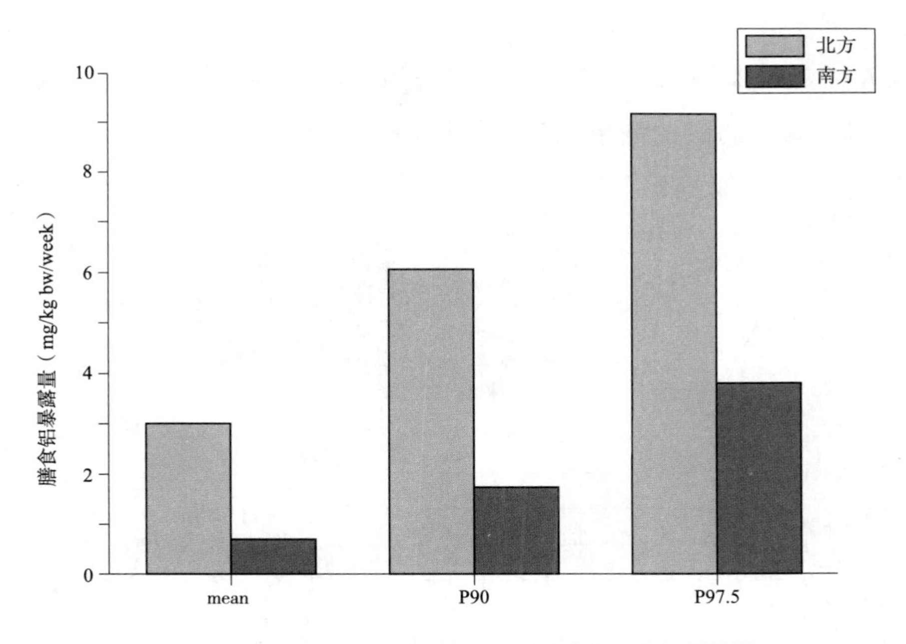

图1 我国南方和北方地区人群通过膳食摄入的铝暴露量

本次含铝添加剂的风险评估工作有效推动了我国政府对含铝添加剂的管理。卫生部将评估报告报送国务院食品安全办，并通报国家食品药品监管局、国家质检总局、国家工商总局等10个政府部门和中国医学科学院等3个科研院所以及相关行业协会，并建议相关部门和单位依法依职责采取相关措施。

同时，卫生部立即启动了GB 2760—2011《食品添加剂使用标准》的修改工作，删除硫酸铝钾和硫酸铝铵作为膨松剂用于发酵面制品的使用规定，限制硫酸铝钾和硫酸铝铵的使用范围和使用量，撤销膨化食品中12种含铝食品添加剂的使用等。新标准实施并得到有效执行后，可将我国居民的铝摄入量降低68%，远低于WHO制定的安全耐受摄入量，有效保护我国消费者健康。

（二）食品中反式脂肪酸健康风险的评估与交流

2010年，多家主流媒体聚焦反式脂肪酸，尤其是中央电视台2010年11月连续播出“植物奶油安全吗?”和“追问反式脂肪酸”两期节目，引起国务院领导的高度重视以及业内和公众的广泛关注。为此，食品风险评估中心开展了北京、上海、成都、广州、西安5大城市加工食品中反式脂肪酸含量的专项监测以及北京、广州居民食物消费状况的典型调查，并于2012年对反式脂肪酸的健康风险进行评估（见图2）。

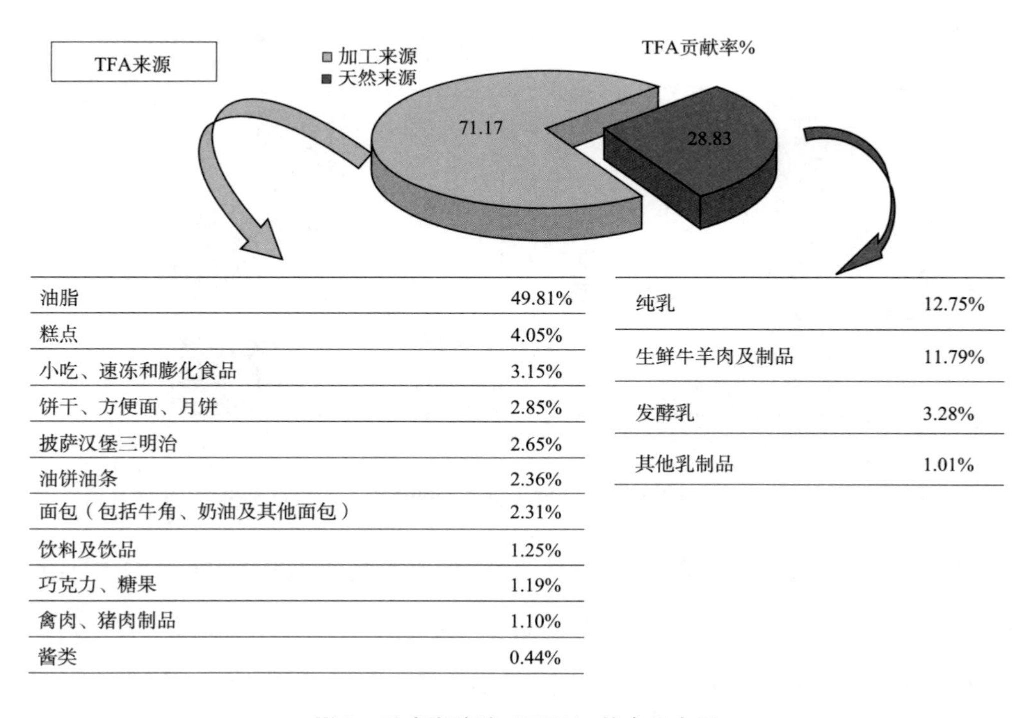

油脂	49.81%
糕点	4.05%
小吃、速冻和膨化食品	3.15%
饼干、方便面、月饼	2.85%
披萨汉堡三明治	2.65%
油饼油条	2.36%
面包（包括牛角、奶油及其他面包）	2.31%
饮料及饮品	1.25%
巧克力、糖果	1.19%
禽肉、猪肉制品	1.10%
酱类	0.44%

纯乳	12.75%
生鲜牛羊肉及制品	11.79%
发酵乳	3.28%
其他乳制品	1.01%

图2 反式脂肪酸（TFA）的食物来源

评估结果显示，中国人通过膳食摄入的反式脂肪酸的供能比[①]仅为0.16%，即使在北京和广州这类加工食品消费量大的城市，居民的反式脂肪酸供能比也仅为0.34%，远低于世界卫生组织（WHO）建议的1%的限值，也明显低于西方发达国家的水平。因此，之前的媒体报道明显夸大了我国膳食中反式脂肪酸的健康风险。虽然反式脂肪酸总体风险较低，但仍有0.4%的城市居民的反式脂肪酸供能比超过WHO的建议值。考虑到我国膳食结构的西方化趋势，一方面要认真实施已有的管理措施和标准；另一方面要开展广泛的宣传教育，引导正确消费。

本次评估结果一方面支持了我国关于反式脂肪酸的监管措施。例如，GB 28050—2011《预包装食品营养标签通则》于2013年1月1日起强制实施，“食品配料含有或生产过程中使用了氢化和（或）部分氢化油脂时，在营养成分表中应标示出反式脂肪（酸）的含量”成为强制标示内容。该标准同时规定，当反式脂肪酸含量超过0.3 g/100g食品时，必须标示。我国现行婴幼儿配方食品和辅食标准也明确规定，原料中“不应使用氢化油脂”。

另一方面，本次评估结果还澄清了此前媒体对反式脂肪酸的不科学报道。食品风险评估中心通过公众开放日、官方网站和微博等渠道发出科学信息，经中央电视台、北京电视台、央广新闻、《人民日报》、《北京晚报》、搜狐网、新浪网等多家媒体平台的积极报道，增强了公众对于政府改善食品安全现状的信心。

（三）食品中镉健康风险的评估及管理

自2001年以来，历年食品安全风险监测工作均发现某些食品中镉超标问题，尤其在南方部分省份，作为我国主粮之一的大米（稻米）存在镉污染。值得关注的是，各地区大米的镉含量差异较大。2009～2012年监测结

---

① 反式脂肪酸供能比是指摄入的反式脂肪酸提供的能量占膳食总能量的百分比。

果显示，南方省份的大米镉超标率普遍高于北方，个别省份超标率明显高于其他省份。

2010年湖南省大米镉超标事件引起了政府高度重视和社会广泛关注，食品风险评估中心利用历年监测的大米、面粉等34类食品监测数据，国家粮食局大米监测数据以及2010年主要镉污染区大米、蔬菜专项监测数据，对我国居民膳食中镉的健康风险进行了评估。

进一步评估表明，我国现行的稻米镉限量标准是适宜的。据此，国务院食品安全办两次召集环保、农业、卫生、粮食、工商、质检等部门研究，向国务院领导上报了《关于我国部分稻米镉超标问题的情况汇报》，提出稻米镉限量标准暂不宜修改放宽。同时，本次评估工作推动《重金属污染综合防治“十二五”规划》及其《实施考核办法》出台，并促成卫生部设立行业发展项目《稻米镉健康监护对策研究》（编号201302005），这些工作将会摸清镉污染区居民的健康风险，有助于解决这类地区大米镉超标的问题。

（四）鸡肉中非伤寒沙门氏菌污染的风险评估及管理

非伤寒沙门氏菌（NTS）食物中毒是全球范围内报道最频繁的食源性疾病之一。2010～2012年全国食品安全风险监测发现，我国零售环节整鸡非伤寒沙门氏菌污染阳性率为41.4%，引起政府高度关注。食品风险评估中心于2012年开展了我国零售环节鸡肉中非伤寒沙门氏菌污染的健康风险系统评估。

评估结果发现，我国零售环节整鸡非伤寒沙门氏菌污染主要发生在8月；相比于冷冻保存和现场宰杀，冷藏保存更易导致整鸡的非伤寒沙门氏菌污染（见图3）。考虑到厨房交叉污染等因素，我国居民每餐通过鸡肉而罹患非伤寒沙门氏菌疾病的平均风险为5.8×10^{-5}，据此推算出我国每年患非伤寒沙门氏菌食源性疾病人数为500万～800万以上。进一步评估发现，将零售环节鸡肉中沙门氏菌的污染水平降低到不可检出水平，以及通过案板生熟分开避免交叉污染，居民罹患非伤寒沙门氏菌疾病的风险可以分别降低53%和65%。

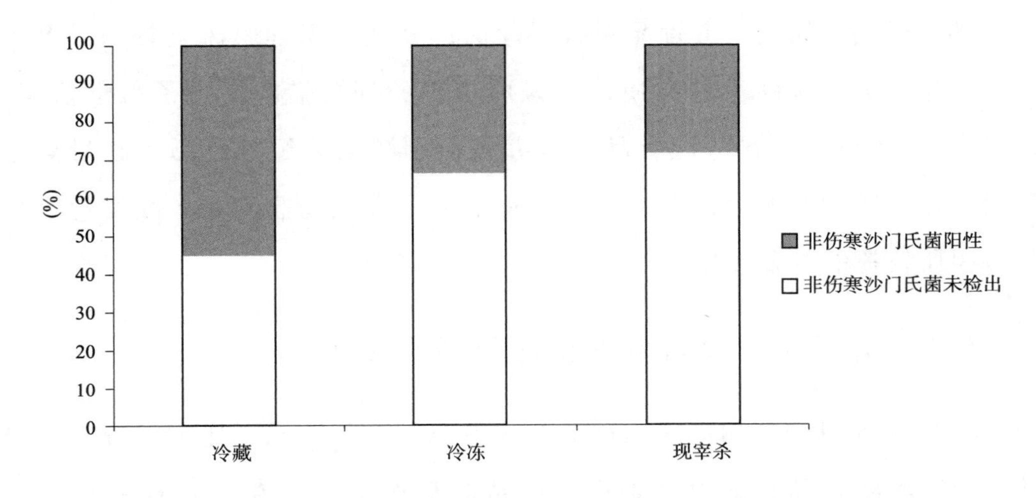

图3　不同储存条件直接影响我国零售阶段整鸡中沙门氏菌的污染率影响

本次评估结果为我国制定鸡肉中非伤寒沙门氏菌限量标准提供了有效支持。同时该项评估发现了降低非伤寒沙门氏菌食源性疾病发病风险的关键环节，可用于指导公众进行正确的烹调加工。

二、食品安全突发事件的评估及应对

（一）伊利婴幼儿配方食品汞含量异常事件应对

2012年6月，甘肃省疾病预防控制中心在食品安全风险监测工作中发现，伊利婴幼儿配方食品中汞含量出现异常。食品风险评估中心在进一步检测验证后立即上报卫生部和国务院食品安全办，受到高度关注。为进一步摸清汞含量异常是否在婴幼儿配方食品中普遍存在以及是否具有系统风险，卫生部立即组织全国31个省（自治区、直辖市）和新疆生产建设兵团开展婴幼儿配方食品汞含量的应急监测。

监测结果发现，汞含量异常主要集中在伊利公司生产的婴幼儿配方食品产品，各段样品均存在含量异常现象。此外还发现，雀巢公司生产的适合于 1～3 岁幼儿食用的配方食品也存在汞含量异常现象。经风险评估后发现，部分伊利婴幼儿配方食品汞含量较高，长期食用健康风险较高。上述工作为相关部门判断事件性质以及采取正确的处置措施提供了科学依据。2012 年 7 月 26 日，国务院食品安全办在伊利婴幼儿配方食品汞含量异常处置工作阶段性回顾会议上，高度评价了卫生部风险监测工作在发现风险隐患中所发挥的重要作用。

（二）普洱茶中黄曲霉毒素污染事件应对

2009 年 8 月，广州市疾病预防控制中心在风险监测工作中发现，广州某茶叶市场湿仓储存的普洱茶中检出黄曲霉毒素，70 份抽检样品均为阳性，平均污染水平为 2.71g/kg（污染范围 0.021～8.52g/kg）。事件经报道后，引起卫生部领导高度关注。

食品风险评估中心对普洱茶中黄曲霉毒素的健康风险进行应急评估。结果表明，含量最高的普洱茶可导致饮用者每日摄入 0.69ng/kg 体重的黄曲霉毒素 B1。若长期饮用，可使我国肝癌年发病率增加 0.027 例/10 万人（全国增加 27 例肝癌），远低于我国肝癌年发病率 26.06 例/10 万，说明健康风险较低。

本项工作除了提出加强普洱茶生产储存过程监管、改善普洱茶生产工艺等建议之外，还促使普洱茶中黄曲霉毒素列入全国食品安全风险监测计划，推动了普洱茶中黄曲霉毒素污染限量标准的制定工作。

（三）不锈钢锅中锰含量异常事件应对

2012 年 2 月，多家媒体报道“苏泊尔不锈钢锅锰含量超出标准 4 倍”的新闻。锰超标会对人体造成伤害，甚至引发“帕金森病”。公众十分关注从不锈钢锅摄入多少锰，这些锰是否会对健康造成影响。

食品风险评估中心在48小时内完成了市场采样、实验室分析和风险评估。即使考虑最坏情形，不锈钢炊具中锰向食品中的平均迁移量为每千克食物0.35 mg，普通消费者每日通过这种迁移摄入1.05 mg的锰。由于锰是食物的正常成分之一，我们每天可从食物和饮水中摄入6.80 mg左右的锰。因此，每天摄入锰的总量（8.05 mg）低于我国营养学会推荐的安全耐受摄入量（每天10.00 mg），不会造成健康风险（见图4）。

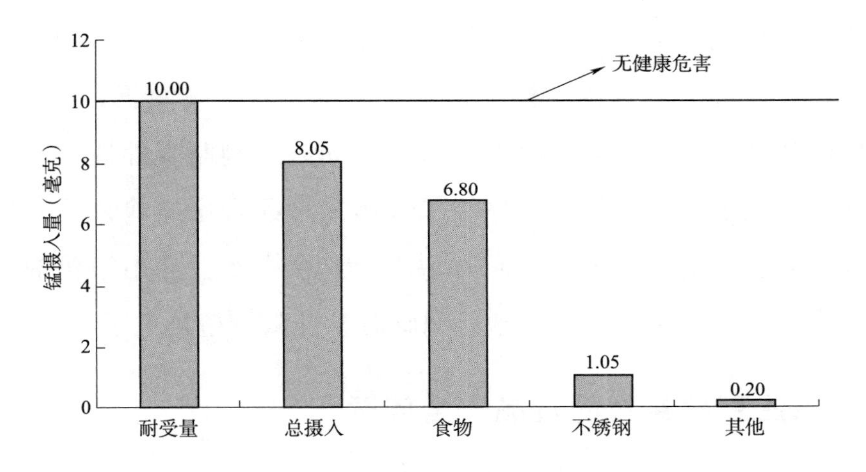

图4　不锈钢炊具中锰迁移的健康风险评估

食品风险评估中心随即召开首次媒体风险交流会，权威发布科学信息，迅速平息了风波，让争论数日的“不锈钢锅含锰是否会对人体造成危害”一事真相大白。

（四）食品（白酒）中检出塑化剂事件应对

2012年11~12月，多家媒体报道酒鬼酒、茅台、五粮液等知名白酒中检出塑化剂。随后，又有媒体曝出酱油、醋等调味品中检出高含量塑化剂。一时间，我国食品中塑化剂污染水平及其健康风险备受关注，相关标准缺失的质疑再次出现，市场上查封的大量白酒以及海关扣压的进口洋酒亟待处理。政府承担巨大压力，国务院食品安全办要求卫生部研究制定白酒中塑化剂临时管理限量值的可行性。食品风险评估中心承担了塑化剂事件相关技术支持工作。

为了验证“酱油、醋中检出高含量塑化剂”的报道是否属实，食品风险评估中心第一时间在市场采集不同品牌、不同包装、不同级别的 35 份酱油和 29 份醋，开展“黑名单”规定的 18 种邻苯二甲酸酯的应急监测，均未发现异常。食品风险评估中心及时公布了检测结果，客观回应了媒体的不实报道和传言，避免了塑化剂事件的进一步扩大。

在事件发展过程中，食品风险评估中心利用质检总局提供的 378 份白酒数据、2010～2012 年风险监测数据和塑化剂专项监测数据，相继开展 3 次应急风险评估，评估结果为政府在事件不同阶段判断事件性质和采取相应管理措施提供了科学支持。评估结果在国家食品安全风险评估专家委员会第 7 次全体会议上审议通过，同时中心专家在中欧食品中塑化剂研讨会上作了专题报告，为制定白酒中塑化剂临时管理限量值提供了科学依据。

三、关注百姓身边的食品安全问题

食品风险评估中心通过多种形式加强与广大消费者沟通，将食品安全科学知识带进百姓生活，服务于百姓，回应社会关切。

（一）监测流动早餐摊点的食品污染风险

流动早餐摊点是当前我国百姓特别是上班族和学生购买早餐的最主要途径，市场消费量约占整个早餐的 40% 以上。从食品安全的角度看，其加工和销售过程都存在一定的食品安全隐患，有调查显示当前我国城市中流动早餐的化学和微生物污染严重，如焦圈中丙烯酰胺平均含量高达 550 μg/kg，铝超标率达 40%；油炸早餐食品中多环芳烃含量最高可达 50 μg/kg 等。但多年来我国相关部门从未真正关注过该类食品。本着了解流动早餐摊点食品的安全状况以及对人民健康负责的目的，在 2013 年国家食品安全风险监测计划中，设立专项重点对学校、工地和小区周边区域流动摊点销售的早餐进行监测，监测项目包括食源性致病菌、化学污染物以及非法添加等60余项指标。通过监测除全面掌握该类食品可能存在的普遍性隐患外，还将为我国今后如何开展相应的监管提供基础依据。

（二）开展食品安全主题宣传活动

食品风险评估中心先后组织了2012年食品安全宣传周食品风险评估中心开放日主题活动（6月15日）和5期公众开放日活动，分别介绍食品安全风险监测、食品标准、风险评估等核心业务工作。食品风险评估中心专家通过展览演示、科普讲座、现场答疑、微博访谈、实验室参观等形式，结合社会热点疑点问题与多层次群体开展互动与交流，听取公众对食品安全风险评估中心工作的意见和建议。参加人数超过500人次，其中包括中小学生、高校学生、社区居民、餐饮及营养从业人员、民间社团和食品企业代表等。根据信息反馈统计，90%以上的参与者反映收获很大，累计接待媒体60余人次。以反式脂肪酸为主题的开放日活动得到中央电视台等多家媒体报道，社会反响良好。

（三）开拓新媒体等网络科普平台

为了向大众及时提供科学的食品安全知识，提高食品安全工作透明度，拉近与群众的距离，食品风险评估中心在新浪网与腾讯网开通“食品安全标准”官方微博，粉丝超过10万，除了发布食品风险评估中心日常工作动态之外，还组织食品风险评估中心专家与网民互动交流，反式脂肪酸、禽流感等科普微博信息阅读量超过60万。

配合食品安全标准制定修订等工作动态，食品风险评估中心开展微访谈，面向公众答疑释惑，例如GB 2762—2012《食品中污染物限量》由卫生部正式对外发布后，食品风险评估中心组织专家做客新浪微访谈，回答公众问题。

另外，食品风险评估中心已与中央电视台、新浪网、腾讯网、百度百科等媒体建立工作联系。参与百度百科“有知识、无末日”专题视频制作，请专家介绍食品安全技术工作，该短片播放超过110万次。

（四）组织编写大众科普读物

食品风险评估中心整理并出版陈君石院士著作《从农田到餐桌——食品安全的真相与误区》（北京科学技术出版社），通俗易懂，受到社会各界好评，《北京晚报》进行连载。

随着“三聚氰胺奶粉”、“瘦肉精猪肉”、“染色馒头”等一系列食品安全事件的发生，食品中的非法添加物引起社会广泛关注，但人们对这些非法添加物的添加目的、主要危害和可能受影响的食品等都不甚清楚，甚至引起了一些混淆和恐慌，将非食用物质与合法使用的食品添加剂混为一谈。食品风险评估中心专家编写《食品中可能的非法添加物——危害识别手册》（人民卫生出版社），一方面澄清一些误解，另一方面，为公众及相关专业人士识别食品中的非法添加物提供依据。

四、参与国际食品安全风险评估项目及国际标准制定

（一）主持国际食品添加剂法典标准制定工作

自2007年以来，中国一直主持国际食品添加剂法典委员会工作，食品风险评估中心技术总顾问陈君石院士担任该委员会的主席。目前，以食品风险评估中心为主要技术力量的中国代表团已经牵头承担了食品添加剂通用法典标准中食品分类体系、国际食品加工助剂数据库等重要标准制定工作。

（二）以执委身份参与国际食品法典战略规划制定

2011年，中国首次被选为国际食品法典委员会执委，代表亚洲区域参加执委会会议，审议各项法典标准的工作进程、法典的财政预算等重大事项。食品风险评估中心专家已连续三次参加执委会会议，积极参与了国际食品法典2014～2019年战略规划的制定，在提高法典标准制定效率、促进发展中国家参与方面发挥了积极作用。通过担任执委工作，促进了中国在国际上的影响力，推动了中国和亚洲区域其他国家的沟通与协作。以担任执委为契机，我国参与国际食品法典事务的能力得到了提高，促进了我国食品安全国家标准制定修订工作。

（三）参加WHO持久性有机污染物监测项目

世界各国为联合治理和防控可能对食品造成严重健康风险的持久性有机污染物，在达成共识的基础上制定了《斯德哥尔摩公约》，并确定了履约计划和进度。中国已承诺参与履约，并承诺按照履约计划开展相应的监测和管理工作。食品风险评估中心作为中国重要的履约承担单位之一，参加国际权威的食品中持久性有机污染物（POPs）的分析比对工作，连续10年比对成绩优异。食品风险评估中心以WHO食品污染监测合作中心的名义，参加了WHO全球母乳生物学监测计划。通过比较2011年和2007年我国母乳中二噁英类物质含量，发现我国居民该类污染物的人体负荷水平呈整体上升趋势，潜在健康风险已提请相关部门加以关注。

（四）牵头起草多项国际食品法典标准

作为中国食品法典委员会秘书处挂靠单位，食品风险评估中心组织专家牵头多个国际食品法典标准的制定工作。中心专家作为WHO/FAO食品添加剂联合专家委员会（JECFA）专家成员，在国际食品法典标准制定过程中积极提供丙烯酰胺、高氯酸盐等污染物质的中国监测和评估数据，确保法典标准能够反映发展中国家的现状。牵头稻米中砷的限量标准、预防和降低稻米中砷污染生产规范两项国际食品法典标准制定工作，推动国际食品法典标准与我国食品安全国家标准趋于一致。中心专家牵头亚洲区域法典标准“非发酵豆制品”的制定工作，与日本、韩国等国进行多次磋商，为促进我国豆腐、豆干、豆浆类食品标准引领亚洲区域发挥作用。

第四部分　活动和会议

筹建和组建工作

提出成立国家级食品安全风险评估中心的建议

2006年年初，针对我国食品安全状况和监管工作的需要，参考国际经验，以中国工程院陈君石院士、中国疾病预防控制中心营养与食品安全所王茂起所长为代表的众多食品安全领域专家，提出了成立国家级食品安全风险评估中心的建议，对其职责和机构设置提出了初步设想，随后形成正式文件上报中国疾病预防控制中心和卫生部。2007年9月，中国疾病预防控制中心营养与食品安全所起草了由该所承担食品安全风险评估相关工作并加挂牌子的《食品安全风险评估机构设置方案》上报卫生部。

中央编办印发《国家食品安全风险评估中心组建方案》

2008年9月，三鹿牌婴幼儿配方粉三聚氰胺污染事件引发的重大食品安全事故以及国际上先后发生的二噁英、疯牛病、大肠杆菌O157H7等一系列重大食品污染事件，形成一次次的食品安全问题冲击波。为了做好食品安全工作，2009年国家颁布实行了《食品安全法》。《食品安全法》将食品安全风险监测和评估确定为一项重要的法定制度。为加强食品安全风险评估基础建设，经国务院和中央机构编制委员会领导同志批准，筹备成立国家食品安全风险评估中心，负责食品安全风险评估监测、预警、交流等技术支持工作。卫生部和中央编办通过深入细致的调研，借鉴国际先进经验，在各部门的积极配合下，经多个方案的研讨，完成了国家食品安全风险评估中心的论证工作。2011年4月，中央编办印发了《国家食品安全风险评估中心组建方案》，对食品风险评估中心的职责、任务、运行机制和人员编制等提出了明确要求。

卫生部成立筹建工作组，有序开展筹建工作

2011年6月，卫生部部长陈竺、党组书记张茅和副部长陈啸宏就国家食品安全风险评估中心筹建工作作出批示。随即，卫生部成立了由陈啸宏副部长任组长，成员包括办公厅、人事司、规财司、监督局、科教司、机关党委及中国疾病预防控制中心的筹建工作组。中国疾病预防控制中心也成立了相应工作组，具体承担国家食品安全风险评估中心章程、发展规划、经费预算方案和人才引进方案等文件的草拟工作。筹建工作组先后召开五次会议，研究、落实筹建工作。2011年7月28日，卫生部党组专题研究了国家食品安全风险评估中心筹建工作，作出了尽快召开理事会成立大会和举行国家食品安全风险评估中心挂牌仪式的部署。

国家食品安全风险评估中心成立仪式举行

2011年10月13日，国家食品安全风险评估中心成立仪式在京举行。卫生部部长陈竺出席仪式并讲话。卫生部党组书记张茅，国务院副秘书长、食品安全办主任张勇，食品安全办副主任、食品风险评估中心副理事长刘佩智，中央编办副主任张崇和，工业和信息化部总工程师朱宏任，工商总局副局长王东峰，食品药品监管局副局长边振甲、粮食局副局长任正晓出席仪式。卫生部副部长、食品风险评估中心理事长陈啸宏主持仪式。

陈竺强调，成立国家食品安全风险评估中心是实现食品安全“预防为主、科学管理”的重要举措，也是当前国务院事业单位改革跨出的关键一步。食品风险评估中心要按照中央编办《国家食品安全风险评估中心组建方案》和《国家食品安全风险评估中心章程》的规定，求真务实，开拓创新，切实发挥好食品安全核心技术支撑作用。

陈竺、张茅、张勇、张崇和共同为国家食品安全风险评估中心揭牌。

刘佩智为食品风险评估中心主任刘金峰颁发了聘书。

中央编办批复《国家食品安全风险评估中心章程》

2011 年 12 月 7 日，中央编办批复《国家食品安全风险评估中心章程》(以下简称《章程》)。《章程》分八章，分别为总则、宗旨和主要职责、组织机构、工作要求、财产的管理和使用、终止和剩余财产处理、章程修改、附则。《章程》明确食品风险评估中心是公共卫生事业单位。食品风险评估中心实行理事会领导下的主任负责制。理事会作为食品风险评估中心的决策监督机构。食品风险评估中心设管理层，由食品风险评估中心主任及其他主要管理人员组成，作为理事会的执行机构。管理层向理事会负责，按照理事会决议独立自主地履行食品风险评估中心的日常业务、财务资产及人员管理等职责，定期向理事会报告工作。

卫生部成立组建工作组，部署开展组建工作

国家食品安全风险评估中心 2011 年 10 月 13 日挂牌后，卫生部将国家食品安全风险评估中心筹建工作组调整为组建工作组，组建工作组组长由陈啸宏副部长、尹力副部长出任，小组成员由卫生部办公厅、人事司、规财司、监督局、机关党委的司局级负责同志以及中国疾病预防控制中心、国家食品安全风险评估中心负责同志担任。工作组下设办公室，落实具体组建工作，履行过渡期间的管理职责。组建工作组先后召开了两次会议，重点研究食品风险评估中心领导班子建设、内部机构设置、经费预算、人才引进与人员待遇方案、食品风险评估中心组建初期请中国疾控中心予以支持的方案以及与相关单位的工作衔接机制等。

按照卫生部党组要求，稳步推进组建工作

2011 年 12 月 5 日，组建工作组办公室就组建工作情况向卫生部党组

作了专题汇报。按照卫生部党组“边组建、边工作、边规范”的要求，在卫生部有关司局和中国疾病预防控制中心等单位的大力支持和帮助下，组建工作组办公室先后完成了事业单位法人登记、组织机构代码登记、印章刻制、银行开户等相关设立手续，原中国疾控中心营养食品所业务人员和部分管理人员相继划转到位，逐步落实 2012 年财政预算、内部机构设置、租用办公业务用房等组建事宜，与中国疾病预防控制中心积极协商人财物和职能划分及其他请予支持的事项。

理事会工作

理事会成立大会暨第一次全体会议召开

2011 年 8 月 31 日，国家食品安全风险评估中心理事会成立大会暨第一次全体会议在京召开。会议由卫生部副部长、食品风险评估中心理事长陈啸宏主持，国务院食品安全办副主任、食品风险评估中心副理事长刘佩智以及来自农业部、工商总局、质检总局、食品药品监管局、中国科学院、中国医学科学院、中国疾控中心、国家食品质量安全监督检验中心、中国食品药品检定研究院、食品安全国家标准审评委员会、军事医学科学院等部门、单位推荐的理事或理事代表出席会议。中央编办和卫生部参加食品风险评估中心筹建工作的全体成员列席了会议。

会议首先召开了预备会。预备会通报了食品风险评估中心理事会组成和各部门、单位推荐人员的情况。理事会由单位理事（举办单位、相关行政部门和中国科学院代表，以及食品风险评估中心主要负责人等）、食品安全相关专业领域专家和服务对象代表等人员组成。预备会听取了食品风险评估中心筹建工作组关于筹建工作进展情况的报告，表决通过了食品风险评估中心理事会组成，并审议通过理事会第一次全体会议议程。

随后，召开了食品风险评估中心理事会第一次全体会议。会议听取了食品风险评估中心筹建工作组关于食品风险评估中心理事会章程以及食品风险评估中心章程、组建方案、发展规划、人才引进方案、经费预算方案等文件起草情况的报告。会议对上述文件进行了讨论审议，对理事会章程和食品风险评估中心章程提出修改意见。

会后，召开了食品风险评估中心理事会成立大会。卫生部副部长、食品风险评估中心理事长陈啸宏通报了食品风险评估中心理事会第一次全体会议的情况。卫生部部长陈竺、国务院食品安全办主任张勇、中央编办副主任张崇和出席并讲话。

卫生部部长陈竺希望理事会依法认真履行职责，承担起食品风险评估中心的决策监督、发展规划和财务预决算等重大事项的管理任务，将食品风险评估中心建设成为世界一流的食品安全风险评估机构。陈竺部长表示，卫生部作为食品风险评估中心的举办单位和理事长单位，将大力支持理事会的工作，并负责做好食品风险评估中心的党务、行政、后勤等日常事务管理工作。

国务院食安办主任张勇希望理事会逐步将食品风险评估中心建设成为人才结构合理，技术储备充分，具有科学公信力和国际影响力的食品安全权威技术支持机构。张勇主任表示，国务院食品安全办将积极配合支持评估中心的建设工作。

中央编办副主任张崇和指出，食品风险评估中心实行理事会管理体现了事业单位体制机制的改革创新，理事会的建立标志着食品风险评估中心组建工作取得了阶段性的成果。张崇和副主任对理事会和食品风险评估中心的组建与发展提出了规范运行、改革创新和不辱使命的要求。

食品风险评估中心理事会召开 2012 年第一次全体会议

2012 年 1 月 13 日，食品风险评估中心理事会 2012 年第一次全体会议在京召开。会议由理事长、卫生部副部长陈啸宏主持，副理事长、国务院食品安全办副主任刘佩智和 12 名理事出席了会议。国务院食品安全办、卫生部相关司局等派员列席了会议。

食品风险评估中心主任刘金峰作了关于组建工作进展及下一步工作安排、2012 年重点业务工作的报告，党委书记侯培森作了关于中央编办对国家食品安全风险评估中心章程批复情况的报告。会议就以上报告进行了讨论审议，刘佩智副理事长以及陈君石、叶志华、王宇、曹宝森等理事分别发言。陈啸宏理事长作总结发言。

会议要求，食品风险评估中心按照本次会议意见，进一步修改完善2012年重点工作内容；充实细化信息体系建设的内容，从技术层面上做好食品安全信息管理体系建设；尽快启动食品风险评估中心基建立项申请；启动国家食品安全风险评估分中心建设，明确工作机制，充分发挥分中心的技术和智力支撑作用；完善理事会内部工作沟通机制，建立理事会议事规则和工作程序。

制定《国家食品安全风险评估中心理事会议事规则》

为充分发挥理事会决策监督作用，提高理事会议事效率，根据《国家食品安全风险评估中心章程》，制定了《国家食品安全风险评估中心理事会议事规则》。《规则》共16条，从会议议题、会议通知、会议出席、会议讨论、表决、形成决议、决议的执行等方面作出程序性规定，经征求全体理事会成员意见，于2012年5月15日由理事长、副理事长签发执行。

陈啸宏理事长出席第44届国际食品添加剂法典委员会会议

2012年3月12~16日，第44届国际食品添加剂法典委员会（CCFA）会议在浙江省杭州市举行，卫生部副部长、食品风险评估中心理事长陈啸宏出席开幕式并致辞。

陈啸宏理事长介绍了中国食品安全工作进展情况，包括继续健全食品安全法规制度、深入开展食品安全综合治理、加快食品安全国家标准体系建设、加强食品安全风险评估和监测工作等方面。

CCFA秘书处设在食品风险评估中心。本次会议是我国担任国际食品添加剂法典委员会主持国以来主办的第六次会议。来自55个成员国和1个成员组织（欧盟）及31个国际组织的200余名代表参加了本届会议。

陈啸宏理事长率团赴台考察食品安全风险评估与管理工作

2012年4月16~21日，应台湾食品工业发展研究所邀请，食品风险评估中心理事长陈啸宏率团赴台考察。

陈啸宏理事长考察了我国台湾地区食品工业发展研究所、“台湾食品药物管理局”南区管理中心以及有关食品生产企业，并出席了两岸食品安全风险评估与管理座谈会，分享了大陆食品安全风险评估、监测、标准制定等方面经验和做法。陈啸宏表示，两岸签署食品安全协议以来，在法律法规、检验检测标准、食品中毒事件通报等方面进行了充分沟通，我国台湾地区食品安全风险评估工作开展较早，积累了一定经验，对大陆食品安全风险评估工作有借鉴意义。希望两岸继续推动食品安全体系建设等方面工作，将两岸食品安全工作做得更有成效。此外，陈啸宏理事长还会见了海基会副董事长高孔廉等人士。

卫生部港澳台办公室相关人员、食品风险评估中心刘金峰、严卫星、王竹天、李宁等专家一同赴台参访。

刘佩智副理事长在中心作食品安全工作形势及任务专题讲座

2012年8月30日，食品风险评估中心邀请国务院食安办副主任、食品风险评估中心副理事长刘佩智在中心双井办公区作了题为“关于食品安全工作形势及任务”的专题辅导讲座。讲座由食品风险评估中心主任刘金峰主持，中心全体干部职工参加。

刘佩智副理事长简要回顾了食品风险评估中心的成立过程，充分肯定了中心“边组建、边工作”期间取得的工作成绩，并围绕新形势下食品安全的特色和出现的新问题，对当前重大食品安全事件进行了分析，从食品安全问题出现的多种因素关联性、历史性、现实基础的薄弱性等方面，深入分析了新形势下食品安全问题出现的主要原因，提出新时期解决食品安全问题的主要任务。刘佩智副理事长对《国务院关于加强食品安全工作的决定》和《国家食品安全监管体系“十二五”规划》的颁布背景、重点内容、落实措施进行了解析，并结合食品风险评估中心履职需要，对中心提出了落实相关政策的工作建议和要求。

推荐食品安全风险交流咨询顾问

为促进食品安全风险交流工作的开展，食品风险评估中心积极与理事会成员单位沟通，邀其推荐本部门热衷公益事业且有食品安全工作经验的退休专家担任国家食品安全风险评估中心风险交流咨询顾问。咨询顾问面向消费者和媒体传播食品安全知识，为食品安全管理部门及相关机构提供信息支持、技术咨询。截至2012年12月，已聘任5名咨询顾问。

食品风险评估中心成立1周年座谈会在京召开

2012年10月12日下午，食品风险评估中心在京召开成立1周年座谈会。国务院副秘书长、国务院食品安全办主任张勇，农业部副部长、食品风险评估中心副理事长陈晓华出席并讲话。卫生部副部长、食品风险评估中心理事长陈啸宏主持会议。

张勇和陈晓华先后发表了讲话。张勇指出，中心成立一年来工作成效显著，打开了我国食品安全风险评估工作的新局面，也为自身发展打下了坚实的基础。各理事成员单位要努力发挥好决策监督作用，各相关部门要继续提供必要的政策保障和资源投入，加快中心的建设发展。陈晓华肯定了中心业务、组建工作取得的成绩，同时强调，要全方位、有重点提升食品安全技术支撑能力，加强与相关部门和地方的专业技术机构的联系、合作与交流。陈啸宏总结时表示，卫生部将继续做好举办单位的工作，为食品风险评估中心的建设发展提供必要的保障。

会上，食品风险评估中心主任刘金峰介绍了成立一年来工作进展情况，中心技术总顾问、中国工程院院士陈君石作了食品安全风险监测与评估进展报告，理事会成员及嘉宾对中心未来发展提出了具体建议和意见。

中央编办、国务院食品安全办、国家发展改革委、科技部、财政部、农业部、质检总局、外专局、食品药品监管局有关部门领导，中心理事会理事，卫生部有关领导小组成员和有关司局、直属单位代表100余人出席了座谈会。

召开理事会2012年第二次全体会议

2012年12月26日下午，食品风险评估中心理事会2012年第二次全体会议在京召开。会议由卫生部副部长、食品风险评估中心理事长陈啸宏主持，国务院食品安全办副主任、食品风险评估中心副理事长刘佩智和15名理事或理事代表参加了会议。应陈啸宏理事长邀请，中央编办副主任张崇和出席会议。

会议听取了食品风险评估中心主任刘金峰关于中心2012年工作总结、2013年工作要点、2012年预算管理与执行及2013年预算编制的汇报。食品风险评估中心党委书记侯培森就食品风险评估中心分中心建设方案、发展与创新专用基金管理暂行办法、中心发展规划（2013～2015年，修订稿）向会议作了介绍和说明。食品风险评估中心技术总顾问、中国工程院院士陈君石解读了食品风险评估中心2012年度专题技术报告。

会议就以上内容进行了审议和讨论，原则通过了2012年度工作总结、2013年工作要点和财务预决算管理等相关报告，肯定了食品风险评估中心组建一年来，贯彻“边组建、边工作”的要求，在建立工作机制、加强人才队伍建设、业务能力建设和思想文化建设等方面取得的成绩。与会理事针对2013年工作要点和发展规划进行了充分的讨论，提出了意见和建议。会议认为，食品风险评估中心应学习、消化、吸收国内外先进技术和经验，更主动地开展食品安全风险监测、评估、预警、交流和食品安全标准制定修订等核心业务工作，进一步加强自身能力建设，特别要强化食品安全风险预警工作，形成长效机制，要加快基建立项和分中心建设步伐，在事业单位法人治理结构试点工作中积极创新机制体制，探索有益经验，充分发挥理事会决策监督作用，使食品安全技术支撑工作能有效为保护人民健康服务。

重要活动

中央编办事业单位改革司到食品风险评估中心调研

2012 年 3 月 27 日，中央编办事业单位改革司司长牛占华、副司长王伟峰、副处长徐志强一行莅临食品风险评估中心调研指导工作。卫生部人事司副司长李长宁、处长徐缓，卫生部监督局局长苏志、副局长陈锐、处长张志强，食品风险评估中心主任刘金峰、党委书记侯培森、中国工程院院士陈君石等参加了调研。

刘金峰主任围绕组建工作、业务工作、理事会运行情况进行了汇报，并对事业单位改革试点配套政策以及理事会成员单位支持作用的发挥等方面提出了思考和建议。苏志局长、李长宁副司长、陈君石院士等就食品风险评估中心理事会运行机制建设作了发言。

牛占华司长、王伟峰副司长表示，在试点过程中，中央编办将与有关部门协商，以完善法人治理结构为切入点，支持食品风险评估中心探索管理体制和运行机制的创新。

中央编办张崇和副主任率团赴欧洲三国考察食品安全监管体制

为贯彻落实国务院和国务院食品安全委员会关于食品安全工作的重要部署，加强食品安全监管体系建设，学习国际先进经验，2012 年 6 月 26 日至 7 月 7 日，中央编办张崇和副主任率团赴瑞典、意大利和西班牙，就食品安全监管体制进行了考察，食品风险评估中心刘金峰主任、贾旭东、丁杨参加了代表团。考察团先后访问了瑞典外交部、卫生部及其所属的食品管理局，意大利卫生部及其所属的食品安全和兽医公共卫生总司，西班牙卫生和消费事务部、卡洛斯三世研究所，了解上述三国食品安全监管、食品安全风险评估、交流和食品安全标准制定等方面的经验和做法，并就加强相关领域的合作与交流交换了意见。通过考察，代表团成员开阔了眼界，获得了启示，为进一步贯彻落实《国务院关于加强食品安全工作的决定》和《国家食品安全监管体系“十二五”规划》拓宽了思路。

卫生部办理全国人大重点建议工作领导小组第一次会议在食品风险评估中心召开

2012年7月10日，卫生部办理全国人大重点建议工作领导小组第一次会议在食品风险评估中心召开。为切实做好“加强食品安全风险监测评估体系建设”重点建议办理工作，卫生部会同有关部门成立了重点建议办理工作领导小组。领导小组由卫生部陈竺部长担任组长，陈啸宏副部长担任副组长，成员包括中央编办、国务院食品安全办、国家发展改革委、教育部、科技部、财政部、人力资源社会保障部等部门司局级负责同志以及卫生部相关司局和食品风险评估中心负责同志。此次会议邀请了全国人大教科文卫委员会委员、原中纪委驻科技部纪检组长、党组成员吴忠泽同志，武广华、宗庆后、向平华、孙伟、周森、唐祖宣等6位全国人大代表及全国人大常委会办公厅和全国人大教科文卫委员会有关负责同志等出席会议。会议由陈啸宏副部长主持，陈竺部长与会并作重要讲话。

会议首先听取了卫生部监督局、食品风险评估中心的工作汇报，审议了《加强食品安全风险监测评估体系建设重点建议办理调研工作方案》。与会的全国人大代表对加强食品安全风险监测评估体系建设和提案建议办理工作提出了很好的建议。吴忠泽委员对卫生部重点建议办理工作给予了肯定，并就进一步做好今年重点建议的办理工作提出了意见和建议。与会人员还对食品风险评估中心进行了实地调研。

顺利通过卫生部食品安全风险评估重点实验室立项评审

2012 年 7 月 12 日，卫生部科技教司组织有关专家对食品风险评估中心申报的卫生部食品安全风险评估重点实验室建设计划进行了立项评审。科教司副巡视员刘晓波、食品风险评估中心主任刘金峰、党委书记侯培森、技术总顾问陈君石、重点实验室主任吴永宁以及实验室技术骨干人员共 30 多人参加会议。刘金峰、吴永宁就重点实验室建设作专题汇报。

由方荣祥院士、江桂斌院士、詹启敏院士、谢剑炜教授、张建中教授、沈建忠教授和邬堂春教授组成的评审专家组认真听取了实验室建设方案的详细汇报，审阅了建设计划书并对实验室进行现场考察。评审专家组认为食品风险评估中心实验室拥有一支水平较高的学术队伍，重点针对食品污染监测、评估和食源性疾病溯源预警中的关键科学问题进行系统研究，体现了学科整体发展的前瞻性、综合性和集成性，对于提升我国食品安全监管和科技支撑的整体水平具有重要意义。专家组一致同意实验室建设计划。2012 年 7 月 18 日，卫生部批准组建食品安全风险评估重点实验室。

世界卫生组织总干事陈冯富珍访问食品风险评估中心

2012 年 7 月 20 日，世界卫生组织（WHO）总干事陈冯富珍女士赴食品风险评估中心参观访问。卫生部副部长、食品风险评估中心理事长陈啸宏会见了陈冯富珍女士一行。陈啸宏理事长介绍了食品风险评估中心的组建、管理机制以及理事会组成等情况，他指出，食品安全工作责任重大，特别需要与国际同行及 WHO 加强交流合作，不断提升我国食品安全风险评估工作的水平。食品风险评估中心主任刘金峰、技术总顾问陈君石分别介绍了中心的机构情况、主要工作、发展愿景以及中国食品安全风险监测与评估工作等。陈冯富珍女士高度赞赏中国政府为加强食品安全工作做出的努力，分享了她本人在食品安全领域的工作经验和体会，并就相关问题与参会人员进行了热烈讨论。陈冯富珍肯定了食品风险评估中心实行的理事会管理模式，称其为公共卫生机构管理机制的一种创新，对世界其他国家具有重要借鉴意义。希望食品风险评估中心作为WHO食品污染监测合作中心，继续加强自身专业技术能力，为加强中国的食品安全，提高人民群众的整体健康水平做出新的贡献。

活动由食品风险评估中心党委书记侯培森主持，卫生部国际司、监督局负责人，WHO驻华代表蓝睿明（Mike O'Leary），食品风险评估中心管理层及中层干部参加了活动。

圆满完成首届全国卫生监督技能竞赛的食品安全技术支持工作

食品风险评估中心作为全国卫生监督技能竞赛的食品安全技术支持单位，承担了复赛、决赛阶段食品安全风险监测理论测试、知识竞答试题命制和食品盲样考核等相关工作，派出了专家承担复赛、决赛评委工作。

食品风险评估中心成立以主任助理王竹天担任组长的竞赛活动组委会办公室食品安全技术支撑组，组织中心理化、微生物、风险评估与监测、食品安全标准、实验室管理和食品安全事故处置等不同专业的15名专家和业务骨干，完成了本次竞赛用试题的命制工作。此次实验室食品盲样考核样品，由食品风险评估中心和中国计量院为赛会专门制备。经50多次的反复认证核对，确认考核样品定值准确稳定。食品盲样考核采用了先进的“三盲”法设计，设计科学、严谨，避免各参赛队之间相互核对测试数值导致考核结果评价偏差。食品风险评估中心主任刘金峰、主任助理王竹天及计融、杨大进、李业鹏、郭云昌、王林等作为专家承担了大赛复、决赛评委工作。首届全国卫生监督技能竞赛组委会办公室对食品风险评估中心高质量地完成大赛的食品安全技术支持工作给予了高度评价。

组织专家赶赴云南开展灾后食品安全评估与技术支持工作

2012年9月7日，云南省昭通市彝良县先后发生5.7级、5.6级地震，造成重大人员伤亡和财产损失。卫生部连夜派出了由重症医学、神经外科、胸外科、骨科临床专家，流行病学、饮水卫生、食品安全和心理卫生专家共9人，组成第一批专家组赶赴灾区。食品风险评估中心应急与监督技术部副主任张卫民作为食品安全专家，随专家组于8日上午到灾区，立即协助当地制定了《灾区食品安全保障工作方案》、《灾区食品安全状况与需求快速风险评估工作方案》，指导开展食物中毒预防和食品卫生知识宣传等工作。

承担全国食品安全监管资源调查项目

为落实《国务院关于加强食品安全工作的决定》、《国家食品安全监管体系“十二五”规划》相关要求，摸清全国食品安全监管资源现状和建设进展，分析食品安全监管体系建设中的突出问题，以利于突出建设重点，科学配置增量资源，避免重复建设，国务院食品安全办决定开展截至2012年底的全国食品安全监管机构和食品检验机构资源调查工作。通过这次调查，一是全面摸清我国食品安全监管和检验资源状况，包括监管机构设置、人员配备、监管对象情况以及检验机构分布、检验任务量、技术水平等基本情况。二是通过对比分析，明确食品安全监管和检验机构和队伍的建设进展，了解建设中存在的主要问题和瓶颈。三是建立和完善国家食品安全监管和检验资源调查信息平台，促进食品安全资源调查的信息化和标准化。四是在统计分析基础上，提出食品安全监管、检验资源配置以及能力建设的策略建议。食品风险评估中心作为项目承担单位，负责项目设计、网络填报平台建设、质量控制、技术培训与指导、数据汇总与分析、撰写报告等具体工作。2012年11月8日，食品风险评估中心与国务院食品安全办联合组织召开了全国食品安全监管资源调查工作研讨会，对调查方案、调查表内容进行了研讨。

与广西壮族自治区疾控中心交流食品安全工作

2012 年 11 月 5 日，食品风险评估中心主任刘金峰、党委书记侯培森以及相关业务专家与广西壮族自治区疾病预防控制中心主任唐振柱等一行 5 人，就开展食品安全风险监测与评估体系建设工作情况、食品安全人才队伍的培养及技术合作等进行了交流和讨论。唐振柱主任表示希望能在广西成立国家食品安全风险评估中心广西分中心，以有效应对来自国内外食品安全的挑战。

刘金峰主任充分肯定了广西疾控中心的食品安全工作成效，认为广西疾控中心坚持“服务发展、人才优先”原则，通过一系列措施加强食品安全人才引进和培养，对建设中的国家和地方食品安全风险评估机构很有启发，值得学习和借鉴。食品风险评估中心正在积极谋划分中心筹建方案，同时各省级机构也要积极做好相关准备工作。人才缺乏是双方目前面临的共同挑战，希望借助风险监测评估的平台，实现优势互补，资源整合，做好技术人才的培养工作。

全国人大常委会办公厅联络局到食品风险评估中心调研

2012 年 11 月 16 日上午，全国人大常委会办公厅联络局巡视员、副局长陈庆立带领 20 名党员干部到食品风险评估中心调研，了解食品安全风险监测与评估及食品安全标准工作开展情况。调研座谈会上，食品风险评估中心主任刘金峰介绍了中心定位、职能、组建情况及成立一年来履职情况，主要部门的专家分别介绍了相关重点业务的开展情况。与会人员结合社会关注的食品安全问题进行了热烈的讨论，针对加强食品安全监管协调、强化食品生产加工企业商户的诚信意识等开展交流探讨。陈庆立副局长介绍了全国人大常委会在食品安全执法检查工作方面的情况和全国人大代表有关食品安全的建议及办理情况。座谈会后，与会人员参观了理化实验部，近距离了解食品检验工作。

国际食品安全风险评估研讨会在京召开

由食品风险评估中心主办的国际食品安全风险评估研讨会2012年9月27～28日在京召开，本次会议得到了亚太经合组织（APEC）的大力支持。会议邀请了来自美国、日本、澳大利亚、加拿大、爱尔兰、俄罗斯、印度尼西亚、菲律宾、泰国、越南、中国香港、中国澳门等国家和地区的食品安全领域的专家。卫生部部长陈竺，国务院食品安全办副主任刘佩智，世界卫生组织（WHO）驻华总代表蓝睿明博士，食品风险评估中心技术总顾问陈君石院士等出席会议。卫生部副部长、食品风险评估中心理事长陈啸宏主持会议。

陈竺部长在开幕式上表示，卫生部作为中国食品安全工作的主要参与部门之一，按照国务院统一部署，依法大力开展食品安全技术支撑工作。食品安全技术支撑体系是食品安全风险管理的科学基础，是为食品安全筑起的一张“科技之盾”。希望本次研讨会能搭建起国际食品安全技术沟通和交流的平台，国内外专家学者能充分交流经验，为促进我们食品安全工作水平的提高、加快食品安全技术支撑体系建设、推动食品工业的健康发展和保护消费者的身体健康做出积极的贡献。

刘佩智副主任在发言中提到，保障食品安全是当今世界各国面临的重大课题，在世界经济交往越来越密切的背景下，保障食品安全也成为国际社会共同的责任。国内外食品安全领域知名的专家、学者齐聚一堂，就食品安全风险监测和评估、标准制定、风险交流等方面的内容进行广泛交流研讨，相互借鉴、取长补短，这对于共同提高食品安全管理水平具有重要意义。

中外专家学者从监管体系、食品安全标准、风险监测、风险评估、膳食研究、风险交流等方面展开了充分讨论，近250人参加了会议。

技术支撑工作

召开2012年国家食品安全风险监测相关工作会议

为进一步贯彻落实卫生部在南京召开的2012年国家食品安全风险监测工作会议精神，确保完成2012年国家食品安全风险监测计划，2012年3~5月，食品风险评估中心先后在北京、广西、吉林等地举办了2012年国家食品安全风险监测工作研讨会、质量管理技术研讨会、食源性疾病监测工作研讨会、采样与数据审核技术研讨会等风险监测技术工作会议。卫生部监督局、食品风险评估中心及相关省（自治区、直辖市）卫生厅、局领导出席会议，食品安全风险监测技术人员等300多人次参加了会议。

会上，食品风险评估中心有关专家介绍了2012年国家食品安全风险监测计划组织实施的技术要求和实施要点，与会人员针对有关问题进行了广泛交流和讨论，进一步加深了对食品安全风险监测计划的理解，统一了对监测工作要求的认识，为全面落实2012年监测任务奠定了重要技术基础。

制定《2013年国家食品安全风险监测计划》

依据2013年计划制定的需求，食品风险评估中心在调研和广泛征集各部门意见基础上起草了《2013年国家食品安全风险监测计划》（以下简称《计划》），上报卫生部。《计划》进一步明确了监测工作的目的和意义，把连续性的常规监测和重点发现隐患的专项监测区别对待；全面考虑了《计划》的科学性和行政特点，在保证国家监测样品量目标的基础上，也在部分项目上体现出代表性；充分发挥了各部门的资源优势，力争做到食品全链条的安全风险监测，采样环节全部涵盖，并将监管空白的网购等加以纳入；在化学污染物部分首次采用以食品为导向来安排各项监测计划，除有利于统一实施采样和分配样品数量外，更与微生物监测形成一个整体食品安全风险监测计划；进一步发挥了监测的作用，将监测与生产实际相结合，有效地将监测发现的问题用于指导实际生产。

编写《2013 年国家食品安全风险监测工作手册》

为保证《2013 年国家食品安全风险监测计划》的有效实施，食品风险评估中心组织撰写了《2013 年国家食品安全风险监测工作手册》。该手册充分体现了 2013 年食品安全风险监测工作的重点及要点，是 2013 年监测工作开展的有效依据和切实保障。

国家食品安全风险评估专家委员会召开第六次会议

2012 年 10 月 13 日，国家食品安全风险评估专家委员会第六次会议在京召开。会议由国家食品安全风险评估委员会主任委员陈君石院士主持。卫生部监督局局长苏志、食品风险评估中心主任刘金峰应邀出席会议。议题包括：学习研讨国务院《关于加强食品安全工作的决定》和《国家食品安全监管体系“十二五”规划》；审议《中国居民反式脂肪酸膳食摄入水平及其风险评估》报告草案。委员会充分肯定了专项工作组和秘书处所开展的工作，并针对报告具体内容提出了一些修改意见。会议原则通过《中国居民反式脂肪酸膳食摄入水平及其风险评估报告》。

启动中国居民饮料消费量调查工作

为了贯彻落实《国家食品安全监管体系“十二五”规划》提出的“系统开展总膳食调查和食物消费量调查”要求，补充完善作为风险评估基础数据的食物消费量数据库，食品风险评估中心启动了中国居民饮料消费状况调查工作。2012 年 10 月 16 日，食品风险评估中心组织国家统计局、中国疾病预防控制中心、北京大学医学部等单位的专家召开调查方案专家研讨会，进一步优化了调查方案。

召开全国食品安全风险评估工作研讨会

为推进全国食品安全风险评估体系建设，交流借鉴各地风险评估工作经验，提升我国食品安全风险评估整体能力，食品风险评估中心于2012年12月10～11日在南京召开了全国食品安全风险评估工作研讨会。卫生部监督局、江苏省卫生厅领导，全国20余省（自治区、直辖市）疾病预防控制中心（副）主任应邀出席会议；80余名来自各省（自治区、直辖市）疾病预防控制中心的技术专家参加了会议。

会议设置“专题报告”和“主题研讨”两个环节。在专题报告中，食品风险评估中心的专家分别介绍了国内外风险评估概况、我国食品安全风险评估工作、我国微生物风险评估和化学物风险评估工作，来自中国香港食物安全中心、中国农业科学院、上海市食品药品监管局、江苏省疾病预防控制中心和广东省疾病预防控制中心的专家介绍了本地区（单位）风险评估工作经验。在主题研讨中，与会人员分别在政策组和技术组围绕全国风险评估体系构架、工作机制、人员队伍建设、风险评估地方资源与结果利用、风险评估技术需求与工作需求等内容进行交流研讨。本次会议是食品风险评估中心成立以来首次专门针对风险评估工作召开的全国性研讨会，既是风险评估体系建设的前瞻会，也是风险评估实践经验的交流会，对推动我国食品安全风险评估体系建设有重要意义。

召开“炊具锰迁移对健康影响有关问题”媒体风险交流会

针对媒体报道不锈钢炊具锰含量超标可能对消费者健康造成不良影响，食品风险评估中心迅速组织骨干力量开展风险评估。2012年2月24日下午，食品风险评估中心召开媒体风险交流会，邀请食品安全、职业卫生、临床、材料科学等领域的专家对“锰迁移对健康影响”等公众特别关注的问题与媒体进行沟通交流，并介绍了初步评估结果。中央电视台、中央人民广播电台、新京报、人民网、搜狐网等30余家媒体记者参加了此次交流会。

积极组织专家回应食品安全舆论热点

针对2012年有关“可乐致癌”、“洋奶粉行业‘暗添加’现象严重”、“婴儿配方食品中乳清蛋白比例”、“婴幼儿配方食品添加牛初乳”、“食用燕窝中亚硝酸盐”等舆论关注的食品安全热点问题，食品风险评估中心组织专家积极应对，从食品安全标准、风险评估等方面，采取接受媒体专题采访、发布知识问答等多种形式，介绍相关知识和国内外最新研究进展，解答了公众和媒体的诸多疑问。相关内容发布在食品风险评估中心网站，以便于公众和媒体随时查阅了解。

举办风险交流专题培训活动

为进一步提高职工风险交流工作能力和专业水平，强化风险交流的主动意识和科学观念，2012年3月12日，食品风险评估中心在潘家园办公区举办风险交流专题培训会，风险监测、风险评估、标准、风险交流以及其他相关部门人员共110余人参加了培训。会议邀请了北京大学医学部王一方等专家授课，介绍了我国风险交流的发展历程与现状，讲解了风险交流技巧，并为食品风险评估中心的风险交流工作提供了宝贵建议。

举办“食品安全标准面对面”公众开放日活动

为加强与公众的沟通与交流，更好地传播食品安全科学知识，2012年7月31日，食品风险评估中心举办了“食品安全标准面对面”公众开放日活动。来自媒体、食品企业、行业协会、高等院校等机构的代表和公众70

余人报名参加了活动。

开放日活动现场，食品风险评估中心严卫星研究员首先讲解了我国食品安全国家标准体系概况，标准部张俭波、王君、韩军花三位专家以通俗易懂的方式讲解了我国食品添加剂标准、食品污染物标准以及预包装食品营养标签通则相关知识。专家们对公众关注的食品安全标准问题进行了解答，并听取了公众对食品安全标准制修订工作的意见和建议。

开展“科学评估 健康生活”主题开放日活动

2012年10月23日食品风险评估中心举办了主题为“科学评估 健康生活”的开放日活动。食品风险评估中心严卫星研究员向公众系统地介绍了目前我国食品安全风险评估工作的有关法规、组织机构、工作流程和工作内容。张磊博士通过介绍食品安全风险评估相关知识，让公众了解风险评估工作必须基于科学，因为它是风险管理的基础，同时也是《食品安全法》的基本要求。食品安全风险评估工作的核心目标是在科学、独立、透明的基本原则上，保护消费者的健康。韩军花博士以“科学理解强化标准 正确选择强化食品”为题，介绍了营养强化剂和强化食品的概念、食品强化的目的和意义，帮助公众正确地认识强化食品。专家们与公众就相互关注的问题进行了互动交流，并听取了公众对食品安全工作的意见和建议。

举办“合理饮食 平安双节”主题开放日活动

2012年12月18日食品风险评估中心举办了主题为“合理饮食 平安双节”的第五期开放日活动。严卫星研究员向公众介绍了食品安全风险监测有关知识和工作。通过风险监测这项基础性工作，可以全面系统地了解我国食品安全状况，风险监测与相关监管工作相辅相成，是开展风险评估、标准制定等相关工作的重要基础与前提。韩军花博士以实例向公众讲解了中国居民平衡膳食宝塔，介绍了节日期间饮食营养与健康。韩军花博士强调，没有不好的食品，只有不好的膳食，平衡、多样化的膳食结构是健康必不可少的元素。

2012年食品安全国家标准项目启动会在北京召开

为落实2012年食品安全国家标准制定修订工作，2012年6月8日，受卫生部委托，食品安全国家标准审评委员会秘书处在北京组织召开了2012年食品安全国家标准项目启动会，包括承担2012年食品安全国家标准制修订项目的50余家起草单位在内共116名代表参加了本次会议。卫生部政策法规司汪建荣专员、监督局陈锐副局长、食品风险评估中心主任刘金峰等出席了会议。会议由食品安全国家标准审评委员会严卫星秘书长主持，汪建荣专员和陈锐副局长作了讲话。会议落实了2012年卫生部新立项的82项食品安全国家标准项目工作。

食品安全国家标准审评委员会第七次主任会议召开

2012年9月14日，食品安全国家标准审评委员会在京召开了第七次主任会议。食品安全国家标准审评委员会主任委员、卫生部部长陈竺出席会议并讲话，副主任委员庞国芳院士主持会议。会议学习了《国务院关于加强食品安全工作的决定》、《国家食品安全监管体系“十二五”规划》，审议通过59项食品安全国家标准，原则通过《食品安全国家标准工作程序手册》，同意增补刘金峰同志为副主任委员、调整金发忠同志、王苏阳同志为副秘书长。

陈竺部长讲话中强调，要切实增强做好食品安全标准工作的责任感和紧迫感，将食品安全标准作为主要工作任务和重点建设项目，尽快完成现行食品标准清理整合，及时制定食品安全地方标准，鼓励企业制定严于国家标准的食品安全企业标准，推进食品安全标准管理机构建设，加强对食品安全标准的宣传贯彻和跟踪评价，到“十二五”末基本建立起适合我国国情的、科学合理的食品安全标准体系。

食品安全国家标准审评委员会组织标准体系调研

食品安全国家标准审评委员会于2012年10～11月组织开展了食品安全标准体系调研工作。调查主要针对我国面临的主要食品安全问题、食品安全国家标准体系应涵盖的内容、各类安全标准的制定原则、质量指标是否应该纳入安全标准、如何管理地方标准的制定以及对我国食品安全标准体系有何建议和意见。来自政府行政管理部门（国务院食品安全办、质检总局、卫生部、工商总局、国标委、食品药品监管局、各省卫生厅）、专业技术机构、食品行业协会和食品企业等领域的四百多位专家反馈了问卷。调查结果将为卫生部门开展食品标准清理工作和标准制定修订工作提供参考依据。

组织开展食品标准清理工作

按照《食品安全法》的要求，为落实《食品安全国家标准“十二五”规划》，食品安全国家标准审评委员会秘书处提出《食品标准清理工作方案》（以下简称《方案》），并上报卫生部。根据对来自11部委提供资料的初步统计，我国目前有食品相关国家标准1951项，行业标准2965项，合计4916项，分别归口于15个部门。上述标准的清理整合，对于完善我国食品安全国家标准体系、解决当前食品标准政出多门、交叉矛盾的问题具有重要意义。《方案》提出，到2013年底，完成对食用农产品质量安全标准、食品卫生标准、食品质量标准以及行业标准中强制执行内容的分析整理。对现行各类标准中强制执行的内容进行评估，提出是否纳入食品安全国家标准体系的意见。对清理后的标准请相关部门提出修订、整合、更改效力、废止等处理意见。通过清理，为在我国建立以食品安全国家标准为一套唯一强制标准、各类推荐性食品行业标准并存的全方位食品安全质量标准体系奠定基础。

召开第六次食品添加剂评审会议

2012年共收到食品添加剂新品种（含食品添加剂扩大使用范围、使用量）申报200余份，受理113份，提出补正资料意见80余份，并逐一出具了受理意见，并将受理的113份食品添加剂新品种相关资料及时上传到食品风险评估中心网站进行公开征求意见，汇总、整理反馈意见后提交食品添加剂评审会供专家评审时参考、讨论。2012年共组织召开了6次食品添加剂新品种评审会，完成了98种食品添加剂新品种的技术审查工作。评审会审查通过了19个食品添加剂新品种，发放了38个补充资料延期再审意见书，41个不予批准告知书和决定书，并将相关评审结论及时上报卫生部。

组织召开食品生产经营规范分委员会第四次会议

第一届食品安全国家标准审评委员会生产经营规范分委员会第四次会议于2012年8月3日在北京广西大厦召开。会议审查和讨论了3项标准，根据协商一致的原则，提出了3项标准的审查意见和结论。《食品生产通用卫生规范》通过审查，《食品经营过程卫生规范》需广泛扩大征求意见范围后送审，《食品生产经营过程中微生物控制指导原则》因工作难度较大，建议进一步加强研究工作。食品安全国家标准审评委员会秘书处汇报了2010年以来各项生产经营规范类食品安全国家标准项目进展、参与国际食品法典委员会食品卫生分委会（CCFH）情况。

学 术 会 议

毒理学关注阈值概念和纳米技术在食品中的应用研讨会

为了加强我国食品安全风险评估能力建设，2012年5月24～25日，食品风险评估中心联合国际生命科学学会（ILSI）中国办事处、ILSI研究基金会在北京组织召开了毒理学关注阈值概念和纳米技术在食品中的应用研讨会。食品风险评估中心技术总顾问、中国工程院院士陈君石主持大会。来自科研院所、大学、食品企业、疾控机构的110余名专家、学者参加了会议。

来自ILSI研究基金、葡萄牙、美国、英国、瑞士和中国的专家作了专题报告，与会专家进行了热烈的讨论。

2012年食源性致病菌溯源关键技术高级论坛

2012年9月7～10日由食品风险评估中心、中华医学会中华预防医学杂志编委会、中华医学会公共卫生学分会、中国检验检疫科学研究院在湖南张家界联合主办了“2012年食源性致病菌溯源关键技术高级论坛”。来自食品安全风险评估中心、美国康奈尔大学、中国检验检疫科学院以及出入境检验检疫局、质量监督检验科学院、各级疾控机构的40余位专家学者出席论坛。论坛主题是溯源技术在食品安全监管、食源性疾病监测、食源性疾病暴发调查中的应用及研究进展。与会代表针对溯源技术的发展趋势和应用进行了广泛研讨和交流，认为溯源技术是食源性疾病暴发识别和污染模式分析的关键技术，全基因序列分析技术是目前的研究热点和未来的发展方向；建立涵盖病例、食品、环境等综合食物链溯源体系，将预防关口前移，才能做到早发现、早预警、早控制食品安全隐患，这是国际上食源性疾病监测和食品安全综合监管体系建设的前沿领域。

“反式脂肪酸：健康影响与管理措施”研讨会

2012 年 10 月 14 日，食品风险评估中心联合国际生命科学学会（ILSI）中国办事处在北京组织召开了“反式脂肪酸：健康影响与管理措施”研讨会。此次会议旨在交流反式脂肪酸研究的最新科学信息，探讨降低中国居民反式脂肪酸（TFA）摄入量的措施，加强与各界的风险交流。受邀专家分别从 TFA 的产生、健康作用、管理法规、食品中的含量水平、中国居民 TFA 膳食摄入水平及降低植物油中 TFA 的工艺措施等方面作了专题报告。来自政府有关部门、科技界、工业界、学会和协会以及媒体的 100 余名管理者、专家和记者参加了会议。会议加深了与会者对 TFA 的了解，澄清了一些模糊认识，同时也提出了将来的研究方向和工作重点。

2012 年国际食品微生物标准委员会中国食品安全国际会议

2012 年国际食品微生物标准委员会中国食品安全国际会议于 2012 年 10 月 22 ~ 25 日在厦门召开。本次会议由中国食品科学技术学会与国际食品微生物标准委员会（ICMSF）共同主办，食品风险评估中心作为协办单位对会议给予了大力支持。中心主任刘金峰表示，希望通过这次会议能与国际食品微生物标准委员会在食品安全标准体系建设以及微生物危害风险控制方面建立务实的合作机制。来自食品风险评估中心多位专家参加了大会发言和交流。与会代表围绕“控制微生物危害 保障消费者健康”主题就食源性致病菌和食源性疾病监测、食品中微生物的风险评估及风险管理措施的制定、风险评估在食品安全生产和工艺设计中的应用、食品货架期的确定及与食品安全的关系等重要内容展开了深入讨论。来自国内外各界的 400 余名代表参加了会议，300 多人参加了“食品安全标准专题研讨会”、

“国标与快速检验方法培训班”和“采样与过程控制技术培训班”分会场。

食品中非法添加物筛查技术研讨会

为在食品安全风险监测中充分应用现代分析技术，提高筛查食品中非法添加物的能力，食品风险评估中心于2012年11月3~4日在河南省郑州市召开了食品中非法添加物筛查技术研讨会。有关专家分别报告了非法添加物检测技术要求、质谱技术在非法添加物筛查中应用进展以及动物源性食品中禁用药物、促生长剂、植物性食品中禁用农药、水产品中生物毒素等筛查技术的应用实践。卫生部监督局相关负责人介绍了国家食品安全风险监测能力建设工作进展。来自全国27个省（自治区、直辖市）及新疆生产建设兵团疾病预防控制中心理化检验技术负责人共60余人参加了本次研讨会。

食物掺假管理与检测研讨会

为加强我国食物掺假管理与检测领域的学术交流，提高对食物掺假的管理水平，食品风险评估中心联合美国药典委员会于2012年11月29日在京召开食物掺假管理与检测研讨会。会议内容包括国内外食物掺假的新动态及应对管理措施；食物掺假的检验与识别方法新技术进展。国外专家来自美国药典委员会、美国食品药品管理局。国内食品安全监管、检测、评价机构，以及其他从事食物掺假管理与检测研究的相关单位80余人参加了会议。

能力建设

办理完毕机构设立手续

在卫生部办公厅、人事司、规财司、监督局等有关司局和中国疾病预防控制中心等单位的大力支持和帮助下，2012 年 2 月食品风险评估中心办理完毕事业单位法人证书、组织机构代码证书等机构设立手续；完成了食品风险评估中心公章，财务、发票等专用章以及综合处、人力资源处等部门章的刻制，并经卫生部办公厅发文启用；完成银行账户设立手续。

组织中层管理岗位公开招聘

在卫生部人事司的指导帮助下，食品风险评估中心委托卫生部人才交流服务中心作为第三方，具体组织实施了中层干部公开招聘工作。经发布通知、报名、资格审查、面试、英语测试、评委和职工代表打分、民主推荐、民主测评、组织考察、公示等程序后，中心党政联席会已研究确定了 33 名中层岗位任职人选。

公开招聘高校毕业生工作基本完成

2012 年 1 ~2 月，食品风险评估中心组织了 2012 年毕业生公开招聘考试，招聘专业涉及公共卫生、流行病学、统计学、微生物学、化学、毒理学、农药兽药残留、新闻传播学、法学等相关专业，共有 413 人参加了笔试。经综合考虑考生笔试和面试成绩、生源地、学历、毕业院校等因素，按照专业对口、择优录用的原则，拟录用 20 人，其中博士后 2 人，博士

12 人，主要来自北京大学、清华大学、中国科学院、北京协和医学院、中国农业大学等知名院校和研究机构。

确定国家食品安全风险评估中心过渡期综合办公楼

经综合评估，国家食品安全风险评估中心租用北京市朝阳区广渠路 37 号院 2 号楼作为过渡期综合办公楼。

国家食品安全风险评估中心已与出租方签署了租用合同，完成装修规划、信息化建设、实验室建设等方面的论证，投入使用。

举办 2012 年新职工岗前培训会

2012 年 8 月 1 ~3 日，食品风险评估中心在广西大厦成功举办了 2012 年新职工岗前培训会。

食品风险评估中心主任刘金峰、党委书记侯培森、技术总顾问陈君石院士、中心组建工作组成员高玉莲、主任助理李宁出席会议。食品风险评估中心相关部门负责人、中青年业务骨干及 2012 年新职工等 35 位同志参加了培训会。陈君石院士作了名为《食品安全风险监测、评估与标准》的讲座，韩宏伟、刘兆平等中层干部和中青年业务骨干结合实际工作讲解了有关工作制度、岗位要求、业务情况和职业发展规划等方面的内容，同时还组织参观了中心实验室、首都博物馆及康师傅天津食品厂。通过培训和交流，让新职工对中心工作有了更深的了解，对未来职业生涯有了初步认识。

进一步推进食品风险评估中心领导班子建设

为进一步推进食品风险评估中心领导班子建设，卫生部人事司分别于 8 月 27 日和 8 月 30 日组织开展了食品风险评估中心副主任竞争上岗面试和党委副书记兼纪委书记民主推荐。中心副主任竞争上岗面试考评小组组长由卫生部副部长、食品风险评估中心理事长陈啸宏担任。竞争上岗和民主推荐作为党政领导干部选拔任用的重要方式，是公开、公平、公正选拔合适人选的必要途径，起到了发现人才、储备人才的作用，对食品风险评估中心队伍建设、事业发展均起到了积极作用。

食品风险评估中心国际顾问专家委员会成立

2012年9月26日，食品风险评估中心在京召开国际顾问专家委员会成立大会。会议由食品风险评估中心主任刘金峰主持，卫生部副部长、食品风险评估中心理事长陈啸宏出席会议并致开幕词，食品风险评估中心各理事单位成员出席会议。国际顾问专家委员会的主要任务包括：第一，将食品安全工作的有益经验带入中国，并从国际视角为我们今后的工作提出意见和建议；第二，将充分发挥技术指导作用，积极参与我国食品安全工作，为中国食品安全水平的提升和食品风险评估中心的发展当好参谋与智库；第三，帮助食品风险评估中心培养一批高水平专业人才；第四，架起对外合作交流的桥梁和纽带。

陈啸宏副部长为7位专家颁发了聘书，并要求食品风险评估中心建立有效的工作模式，为国际专家顾问委员会提供充分保障。会议还听取了食品风险评估中心的工作汇报，讨论、审议了委员会章程以及2013年委员会工作计划。

通过食品检验机构资质认定

国家认监委经组织评审组，对食品风险评估中心进行了食品检验机构资质认定现场确认，食品风险评估中心于2012年8月30日被批准获得食品检验机构资质认定证书。该资质认定为食品风险评估中心今后食品检验工作有效开展奠定了基础。

协同办公（OA）系统通过验收

2012年11月8日，食品风险评估中心协同办公（OA）系统验收工作会议在广西大厦召开。评审专家组由中科院研究员阎敬业、中国疾病预防控制中心信息中心副主任傅罡、公安部信息安全等级保护评估中心副研究员李明等7位专家组成，阎敬业研究员任组长。经过评审，专家组认为系统符合验收要求，并提出了相关意见和建议。

贯彻落实《决定》、《规划》学习交流会

2012年10月8日下午，食品风险评估中心组织召开了全体职工参加的贯彻落实《国务院关于加强食品安全工作的决定》、《国家食品安全监管体系“十二五”规划》学习交流会。各部门负责人和业务骨干就食品安全国家标准体系建设、风险监测体系建设、食源性疾病监测、食品安全风险交流、应急、信息化水平提升和人员队伍建设等方面做了主题发言。大家联系岗位职责，结合《决定》、《规划》要求，深入阐述了各自的学习体会，提出了工作思考与建议，为食品风险评估中心的全面发展和建设建言献策。食品风险评估中心管理层领导和专家针对每个发言进行了点评。

中心成立食源性疾病监测部

鉴于卫生部工作要求和食源性疾病监测工作的重要性，2012年10月23日，食品风险评估中心第十九次党政联席会议决定，组建食源性疾病监测部，并以书面形式报陈啸宏理事长和卫生部监督局。11月27日，食源性疾病监测部成立，原微生物实验部副主任郭云昌任食源性疾病监测部副主任，主持该部门工作。食源性疾病监测部主要职责为：完善我国食源性疾病监测网络和报告体系以及数据共享和信息综合应用平台，提高食源性疾病归因溯源能力，研究生态环境污染通过食物链对人群健康的影响，为食

品安全风险评估、食品安全标准制修订、发现食品安全隐患和开展预警提供基础性数据和技术支持。

组织安全员培训　强化安全管理

为了增强责任意识，加强安全管理，2012 年 11 月1 日，食品风险评估中心召开了食品风险评估中心安全员培训会议，组织实验部负责人、各部门安全员、房间安全员共 80 余人参加会议，学习落实实验室安全管理规定、安全员职责以及安全检查方式和要求。

全员培训　规范财务行为

为学习、落实财务管理有关规章制度，规范全体工作人员的财务行为，保证资金使用安全，做好下一年项目预算工作，食品风险评估中心于 2012 年 11 月 9 日召开了食品风险评估中心全体人员财务培训会。卫生部规财司预算处李鑫和审计处黄发强分别介绍了预算管理和内部审计，食品风险评估中心财务人员参加了授课。

国际合作与交流

妥善处理马来西亚燕窝亚硝酸盐问题

2011年12月，针对马来西亚输华燕窝高含量亚硝酸盐问题，按照中马两国总理以及卫生部长的会晤结果，食品风险评估中心派出了由党委书记侯培森带队的中方专家组赴马来西亚。中马双方专家通过了解马来西亚燕窝生产加工状况，分析相关研究的基础数据，围绕燕窝有关的食品安全问题进行了激烈讨论。我方专家组按照国际食品安全风险分析的框架据理力争，最终提出了双方均可接受的燕窝中亚硝酸盐限量水平，并于2012年4月由卫生部发布“食用燕窝亚硝酸盐临时管理限量值”，既保护了我国消费者的健康，又维护了中马双方的贸易。

参加第六届污染物法典委员会会议

第六届污染物法典委员会（CCCF）于2012年3月26～30日在荷兰召开，参加会议的有58个成员国、1个成员组织和15个国际组织的183名代表。食品风险评估中心首席专家吴永宁、研究员李敬光以及副研究员王君参加了本次会议。会议通过了液态婴儿配方食品中的三聚氰胺限量草案、无花果干中总黄曲霉毒素限量草案，讨论了风险分析原则的修订及其应用、降低食品化学污染的源头控制措施及其应用、大米中砷限量拟议草案、谷物及谷基制品中脱氧雪腐镰刀菌烯醇（DON）限量及其采样方案草案、玉米及其制品中伏马菌素限量及其采样方案草案、预防和降低食品和饲料中吡咯生物碱的管理措施讨论稿，还就高粱中真菌毒素、可可中赭曲霉毒素A以及基于不同风险评估措施的风险管理措施指南进行了初步讨论，并商议确定了下一步建议优先评估的污染物和天然毒素名单及其它工作。

继第五届污染物法典委员会会议我国成功牵头大米中砷限量电子工作组之后，本次会议我国再次成功获得牵头减低大米中砷污染措施操作规范电子工作组主席。

参加中韩第四次食品安全标准专家会议

2012年5月13～15日，根据卫生部安排，食品风险评估中心派专家赴韩国参加了中韩第四次食品安全标准专家会议。双方均表示两国在《中韩食品安全标准合作备忘录》框架下，本着友谊、真诚、科学的态度共同研究食品安全标准问题，在食品安全标准方面开展了良好的沟通与合作，对于推动和协调中韩两国标准工作、促进两国食品贸易具有深远意义。会议重点讨论了泡菜标准、马格利酒（韩国米酒）标准、人参问题、发酵食品的微生物限量问题以及食品中放射性物质管理问题。

派员参加国际食品法典委员会第35届大会和第67届执委会会议

国际食品法典委员会第35届会议于2012年7月2～7日在意大利罗马举行，出席本届会议的代表共计623人，分别来自147个成员国、1个成员组织、37个国家政府和非政府组织及联合国机构。按照会议日程安排，会议通过了19项国际食品法典标准及相关文件。参加本次会议的中国代表团由卫生部和农业部负责，食品风险评估中心党委书记侯培森参加了大会。食品风险评估中心陈君石院士和樊永祥副研究员作为国际食品法典委员会亚洲地区执委参加了国际食品法典执行委员会和法典大会，就法典战略规划、发展中国家的参与、50周年庆典等事项提出了积极的建议。

中心与德国联邦风险评估研究所签署合作备忘录

2012年8月29日，卫生部副部长、食品风险评估中心理事长陈啸宏在卫生部会见了德国食品、农业和消费者保护部国务秘书穆勒（Dr. Gerd Müller）一行。双方共同出席了食品风险评估中心与德国联邦风险评估研究所合作谅解备忘录签字仪式。陈啸宏积极评价中德两国在卫生领域开展的合作与交流，介绍了中国食品安全监管体制及中心的组建、管理机制和理事会组成情况。他指出，食品安全工作责任重大，任务艰巨，希望国家食品安全风险评估中心和德国联邦风险评估研究所在合作谅解备忘录的框架下开展积极务实的合作，为加强中国的食品安全，提高人民群众的整体健康水平做出新的贡献。卫生部监督局、国际司负责人，食品风险评估中心管理层成员及德国驻华使馆代表参加了上述活动。

会后，穆勒国务秘书访问食品风险评估中心，并出席了中心和德国联邦风险评估研究所、德国食品安全和消费者保护局及德国国际合作机构举办的工作交流会。

美国食品药品管理局和美国农业部专家来访交流

2012 年 9 月 24 ~ 25 日，美国食品药品管理局（FDA）和美国农业部（USDA）专家 Julie Callahan 博士等一行 5 人，与食品风险评估中心研究人员开展了为期两天的食品安全风险评估技术交流，美国食品药品管理局中国办事处和美国驻华使馆农业代表处参加了会议。陈君石院士向美方专家介绍了食品风险评估中心组建的背景和目前的机构设置、工作职能以及已经开展的相关工作，并就当前我国食品安全所面临的主要问题进行了介绍。

双方就未来可能开展合作的领域、内容和方式进行了讨论，特别是对食品风险评估中心人员培训的方式和内容进行了广泛讨论，对于中方牵头的稻米无机砷和美方牵头的食品中铅等国际食品法典污染物标准的合作以及有关食源性疾病与细菌耐药性监测与风险评估等达成合作意向。

参加世界贸易组织卫生与植物卫生措施委员会第 55 次例会

世界贸易组织卫生与植物卫生委员会（WTO/SPS 委员会）第 55 次例

会于 2012 年 10 月 18 ~ 19 日在瑞士日内瓦召开。中国代表团由商务部组团，卫生部、农业部、国家质检总局共 8 名代表参加。食品风险评估中心毛雪丹副研究员参加了此次例会。会上，中国代表团就中国输欧花生抽检比例问题和中国含乳食品限制措施与欧盟进行了双边磋商。同时就欧盟对中国因疯牛病限制牛肉进口等问题进行了回应。此外，中国还与日本、马来西亚、巴西等多个成员就与 SPS 有关的问题进行了双边磋商。

参加第 18 届联合国粮农组织/世界卫生组织亚洲区域协调委员会会议

第 18 届联合国粮农组织/世界卫生组织（FAO/WHO）亚洲区域协调委员会于 2012 年 11 月 5 ~ 9 日在日本东京召开。来自 20 个成员国、3 个区域外成员国及 9 个国际组织的 83 名代表参加了此届会议。中国代表团派出了由卫生部、农业部、中国商业联合会组成的 8 名代表团参加了会议，食品风险评估中心樊永祥副研究员任团长。

会议共审议了 15 项议题，包括食典委及其他法典委员会和工作组提出的事项、2014 ~ 2019 年食品法典委员会战略规划、FAO/WHO 开展的与本区域相关的活动、非发酵豆制品区域标准拟议草案、天培区域标准拟议草案、紫菜制品区域标准拟议草案、区域相关事宜、国家食品管理系统和消费者参与食品标准的制定、食品标准在国家层面的应用、亚洲区域协调委员会战略规划、新工作等。中国代表团于 2012 年 11 月 3 日主持了实体工作组会议，13 个成员国、4 个国际组织以及 FAO/WHO 的代表参加，樊永祥副研究员任工作组主席主持会议，充分听取各成员国的意见，在术语定义、豆腐干分类、添加剂使用、蛋白质指标设定等诸多内容存在分歧的情况下沉着应对，按照协商一致的原则，引导会议顺利地完成了实体工作组的工作，为推进此项标准的顺利进展（提交食典委大会在第 5 步采纳）起到了关键性的作用。

此外，中国代表团就非发酵豆制品拟议标准草案、紫菜区域标准草案、建立香辛料、香草及配方食品委员会、2008～2013 年战略规划、50 周年庆典、街头售卖食品卫生操作规范新工作等多项议题表达了中国立场，取得了较好的成效。

参加第 44 届食品卫生法典委员会会议

第 44 届食品卫生法典委员会会议于 2012 年 11 月 12～16 日在美国新奥尔良召开。来自 73 个成员国、1 个成员组织（欧盟）及 16 个国际组织的 207 位代表出席了会议。食品风险评估中心主任助理王竹天研究员、微生物实验部副主任郭云昌研究员和标准一部刘奂辰作为中国代表团成员参加了此次会议。

加拿大卫生部助理副部长保罗·戈洛佛先生来访

2012 年 12 月 12 日，食品风险评估中心主任刘金峰、工程院院士陈君石接待了加拿大卫生部助理副部长保罗·戈洛佛先生（Mr. Paul Glover）。陈君石院士向来宾介绍了食品风险评估中心业务开展情况，双方就进一步加强食品安全领域的技术合作交换了意见。刘金峰主任表示，中国的食品安全风险评估工作尚处于起步阶段，希望与加方探索建立合作机制，进一步推动双方在食品安全标准制修订、风险交流、应急处置、能力建设等方面富有成效的合作。戈洛佛先生认为中加两国在食品安全领域面临相同的问题和挑战，希望通过加强双方的合作与交流，增进彼此认识与理解，提高中加两国食品安全的整体水平，为两国人民的健康共谋福祉。

党群工作

纪念建党91周年大会

为纪念中国共产党建党91周年，进一步推进创先争优活动，扎实开展基层组织建设年活动，2012年6月29日下午，国家食品安全风险评估中心召开了纪念建党91周年大会。会议首先进行了新发展党员入党宣誓和新入职党员重温入党誓词仪式，通报了中心7个党支部组成情况，传达学习了卫生部直属机关党委纪念建党91周年大会精神，布置了各党支部结合创先争优开展职业精神大讨论和党风廉政建设活动等工作。中心党委书记侯培森参加活动并讲话，他希望全体党员和干部，在中心组建初期克服困难、勇挑重担，树形象、做表率、出成绩，以优异工作迎接党的十八大顺利召开。会议由中心组建办公室成员高玉莲主持，食品风险评估中心党员、团员、入党积极分子、民主党派代表和中层干部共计80余人参加了会议。

开展“以案为镜，拒腐防变”廉政建设主题党日活动

根据卫生部直属机关纪委关于组织开展2012年以廉政教育为主题的党日活动的通知要求，中心于2012年8月3日召开了动员会议，确定党日活动的主题为“以案为镜，拒腐防变”。动员会由中心组建办公室成员高玉莲主持，党委书记侯培森出席并讲话，会议传达学习了卫生部第五次“每月一讲”《当前反腐倡廉形式及腐败现象产生根源》的主要内容；介绍了北京市中级人民法院庭审原卫生部人事司副司长涉嫌受贿案的有关情况；对如何开展主题党日活动作了具体布置和要求。

截至2012年8月31日，食品风险评估中心各党支部已分别通过组织

参观北京市反腐倡廉警示教育基地、参观中国电影博物馆反腐倡廉教育影像展、召开专题学习研讨会等形式开展了各具特色的主题党日活动，中心党员职工在活动中思想受到了教育，心灵受到了震撼，纷纷表示要常思贪欲之害、常怀律己之心，在各自的本职工作中，弘扬清风正气，做到自重、自醒、自制、自励。

“学习大寨精神 共铸食品安全”中心职工主题教育活动

为进一步学习落实国务院《关于加强食品安全工作的决定》等文件精神，扎实提高食品安全风险监测工作水平，食品风险评估中心主任刘金峰带队于8月22～25日组织职工赴山西省大寨乡开展“学习大寨精神 共铸食品安全”主题教育培训活动。先后组织参观了全国著名的红色教育示范基地大寨、刘胡兰纪念馆，观摩了双孢菇种植园，了解初级农产品生产加工情况。在昔阳县委县政府的支持下举办了食品安全专题讲座和食品安全监测设备捐赠仪式。中心刘兆平研究员以《我国的食品安全问题——认识和应对措施》为主题，为昔阳县干部职工开展了专题讲座。为提升基层食品安全风险监测能力，食品风险评估中心向昔阳县捐赠了自主研发并获得国家专利的两套食品安全快速检测箱；联系景民基金，向昔阳县捐赠了价值168万元人民币的数字化食品安全快速监测网络平台。在捐赠仪式上，刘金峰主任强调指出，开展本次活动，旨在教育职工学习、传承大寨精神，支持帮助基层扎实开展食品安全工作，按照履职要求为基层做实事。晋中市委常委、昔阳县委书记刘润民代表县委县政府和全县23万人民对食品风险评估中心的支持和帮助表示了衷心感谢。捐赠仪式由昔阳县常务副县长张驰主持，山西省疾病预防控制中心主任张杰敏，景民基金、倍肯集团负责人出席了专题讲座暨捐赠仪式。

李宁同志荣获全国医药卫生系统创先争优活动先进个人

2012年8月，全国医药卫生系统创先争优活动指导小组表彰了全国医药卫生系统创先争优活动先进集体、先进个人。食品风险评估中心主任助理李宁同志荣获创先争优活动先进个人荣誉称号。食品风险评估中心号召全体党员、干部和职工以李宁同志和我们身边的优秀共产党员为榜样，在推动食品风险评估中心科学发展中创先争优，为推动深化医药卫生体制改革做出贡献，为推动食品安全事业科学发展提供技术保证。

荣获卫生部广播体操比赛第一名

2012 年 9 月 7 日，卫生部第九套广播体操比赛在北京朝阳体育馆举行，食品风险评估中心职工代表队荣获第一名。食品风险评估中心党委领导带队，31 位参赛队员以优异的表现，展示了食品风险评估中心职工团结、健康、奋发向上的良好精神风貌。卫生部直属机关共 17 个代表队参加比赛，评出一等奖 1 名，二等奖 2 名，三等奖 3 名，优胜奖 11 名。

认真组织学习党的十八大精神

2012 年 11 月 8 日，党的十八大在北京召开。食品风险评估中心按照卫生部的要求，认真组织开展学习贯彻党的十八大精神。十八大刚刚闭幕，党办第一时间整理汇总了《学习贯彻党的十八大精神资料汇编》，选购十八大报告辅导读本、文件汇编、党章等学习资料，发给每位中层以上干部和支部书记，要求大家认真自学。11 月 27 日，食品风险评估中心邀请卫生系统十八大代表、中国疾控中心党委书记梁东明，为全体党员职工作了学习贯彻党的十八大精神专题报告。组织职工参加“学习党的十八大精神主题赛诗会”和组织工会干部参加知识答题等活动，深入开展学习宣贯活动。

李熙组长带队检查食品风险评估中心惩治和预防腐败体系建设工作

2012 年 12 月 7 日，由中央纪委驻卫生部纪检组组长、卫生部党组成员李熙同志带队，卫生部惩防体系建设检查组一行对食品风险评估中心惩治和预防腐败体系建设情况进行了检查。检查组听取了食品风险评估中心的工作汇报，与中层干部进行了座谈，现场查阅了相关文件资料，并与中心领导班子成员分别进行了谈话。重点检查了解领导班子贯彻“三重一大”事项集体决策制度情况、党风廉政建设责任制情况、加强反腐倡廉制度建设情况、对重点领域和重点环节加强监督管理等工作情况。

检查组充分肯定了食品风险评估中心惩治和预防腐败体系建设取得的成效。李熙组长认为食品风险评估中心能够认真贯彻落实党风廉政建设责任制，采取多种形式开展了反腐倡廉教育，中心领导班子较好地贯彻落实民主集中制。检查组还对检查中发现的问题提出了整改意见和建议。

第五部分　大 事 记

大事记

（2011 年 4 月～2012 年 12 月）

2011 年 4 月 14 日	中央编办印发《国家食品安全风险评估中心组建方案》（中央编办发〔2011〕21 号）
2011 年 6 月 11 日	卫生部成立食品风险评估中心筹建工作组
2011 年 7 月 28 日	卫生部党组专题研究食品风险评估中心筹建工作
2011 年 8 月 31 日	食品风险评估中心理事会成立大会暨第一次会议
2011 年 10 月 13 日	食品风险评估中心正式挂牌成立
2011 年 10 月 17 日	陈啸宏理事长就食品风险评估中心组建工作做出重要指示
2011 年 11 月 9 日	食品风险评估中心组建工作组第一次会议
2011 年 12 月 2 日	食品安全国家标准审评委员会第六次主任会议
2011 年 12 月 5 日	卫生部党组专题研究食品风险评估中心组建工作
2011 年 12 月 7 日	中央编办批复《国家食品安全风险评估中心章程》
2012 年 1 月 1 日	中国疾控中心营养食品所食品安全专业人员整体划转到食品风险评估中心
2012 年 1～2 月	开展食品风险评估中心高层次人才公开招聘
2012 年 1 月 6 日	开展食品风险评估中心高校毕业生公开招聘
2012 年 1 月 13 日	食品风险评估中心组建工作组第二次会议
2012 年 1 月 13 日	食品风险评估中心理事会 2012 年第一次全体会议
2012 年 2 月 2 日	取得《事业单位法人证书》和《组织机构代码证书》
2012 年 2 月 13 日	中国食品法典委员会年度工作会议

2012年2月24日	炊具锰迁移对健康影响有关问题风险交流会
2012年3月10日	建立银行基本账户、取得税务登记证
2012年3月12日	第44届国际食品添加剂法典委员会会议在浙江省杭州市举行
2012年3月27日	中央编办事业单位改革司、卫生部人事司和监督局到食品风险评估中心现场调研
2012年3月30日	2012年国家食品安全风险监测工作研讨会
2012年4月5日	国家食品安全风险评估中心网站试运行
2012年4月7日	开展食品风险评估中心中层干部公开竞聘面试
2012年4月19日	中国疾控中心营养食品所的职能部门部分人员划转到食品风险评估中心
2012年4月19日	开展食品中铬污染应急监测
2012年4月25日	征集中心标志（LOGO）
2012年6月1日	签订双井综合办公楼租赁合同
2012年6月7日	聘任食品风险评估中心中层干部
2012年6月8日	食品安全标准2012年新项目启动会
2012年6月8日	伊利婴幼儿奶粉汞含量异常样品复核检验
2012年6月15日	食品安全宣传周食品风险评估中心公众开放日活动
2012年6月29日	食品风险评估中心纪念建党91周年大会
2012年7月10日	卫生部召开全国人大“加强食品安全风险监测评估体系建设”重点建议办理领导小组第一次会议并在食品风险评估中心现场调研
2012年7月12日	卫生部食品安全风险评估重点实验室评审
2012年7月18日	卫生部批准设立食品安全风险评估重点实验室
2012年7月20日	世界卫生组织总干事陈冯富珍女士到中心参观访问
2012年7月31日	“食品安全标准面对面”公众开放日活动

2012 年 8 月 6 日	食品检验机构资质认定现场确认
2012 年 8 月 10 日	“地沟油” 检测方法专家研讨会，完成检验方法征集确认工作
2012 年 8 月 28 日	食品风险评估中心副主任竞争上岗面试
2012 年 8 月 29 日	食品风险评估中心与德国联邦风险评估研究所签署合作谅解备忘录
2012 年 8 月 30 日	食品风险评估中心党委副书记、纪委书记民主推荐
2012 年 8 月 30 日	刘佩智副理事长作贯彻落实《决定》、《规划》专题辅导讲座
2012 年 8 月 30 日	获得食品检验机构资质认定证书
2012 年 8 ~9 月	组织中心职工分两批赴山西省昔阳县开展“学习大寨精神 共铸食品安全”主题教育培训活动。
2012 年 9 月 6 日	国家食品安全风险评估中心保密委员会成立
2012 年 9 月 7 日	获得卫生部第九套广播体操比赛第一名
2012 年 9 月 7 日	派出专家赶赴云南省昭通县开展灾后食品安全评估与技术支持工作
2012 年 9 月 14 日	食品安全国家标准审评委员会第七次主任会议
2012 年 9 月 17 日	成立新址建设筹备工作领导小组
2012 年 9 月 25 日	国际顾问专家委员会成立大会
2012 年 9 月 26 日	国际食品安全风险评估研讨会
2012 年 10 月 1 日	启用双井综合办公楼
2012 年 10 月 8 日	学习贯彻《决定》、《规划》交流会
2012 年 10 月 10 日	印制食品风险评估中心成立一周年画册、职工寄语
2012 年 10 月 12 日	食品风险评估中心成立一周年座谈会
2012 年 10 月 13 日	国家食品安全风险评估专家委员会第六次会议

2012年10月23日	“科学评估 健康生活”公众开放日活动
2012年11月15日	受邀加入国际食品风险交流中心合作网络，成为11个成员机构中的一员
2012年11月16日	与全国人大办公厅联络局党支部联合开展主题党日活动
2012年11月27日	十八大代表、中国疾控中心党委书记梁东明作“学习贯彻党的十八大精神专题报告”
2012年11月27日	国家食品安全风险评估中心食源性疾病监测部成立
2012年12月7日	中央纪委驻卫生部纪检组监察局进行惩治和预防腐败体系建设工作检查
2012年12月10日	全国食品安全风险评估工作研讨会
2012年12月12日	“我与中心共成长”团员青年互动沙龙
2012年12月18日	“合理饮食平安双节”公众开放日活动
2012年12月25日	食品风险评估中心双井陈列室布置完成
2012年12月26日	食品风险评估中心理事会2012年第二次全体会议
2012年12月27日	国家食品安全风险评估中心伦理委员会成立
2012年12月28日	审计署卫生药品审计局预算执行审计

第六部分　机构设置

国家食品安全风险评估中心机构设置

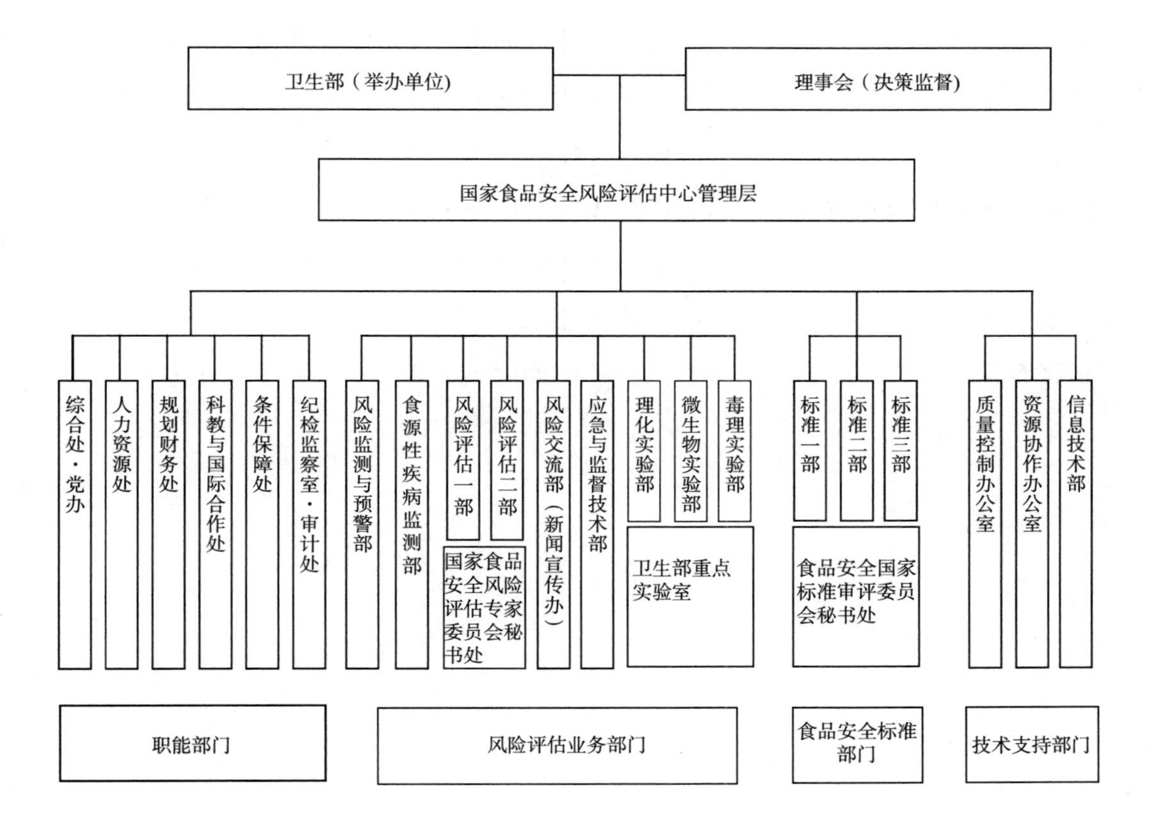

国家食品安全风险评估中心管理层

主　任	刘金峰（任职时间：2011 年 10 月 10 日至今）
党委书记	侯培森（任职时间：2011 年 11 月 3 日至今）
副主任	严卫星（任职时间：2012 年 11 月 23 日至今）
党委副书记兼纪委书记	高玉莲（任职时间：2012 年 11 月 23 日至今）
主任助理	王竹天（任职时间：2012 年 5 月 16 日至今）
主任助理	李　宁（任职时间：2012 年 5 月 16 日至今）
首席专家	吴永宁（任职时间：2012 年 6 月 7 日至今）

国家食品安全风险评估中心中层干部

综合处·党办

韩宏伟　处　长（任职时间：2012 年 5 月 16 日至今）

马正美　副处长（任职时间：2012 年 5 月 16 日至今）

人力资源处

王永挺　处　长（任职时间：2012 年 5 月 16 日至今）

于　波　副处长（任职时间：2012 年 5 月 16 日至今）

规划财务处

齐　军　副处长（任职时间：2012 年 5 月 16 日至今）

李晓燕　副处长（任职时间：2012 年 5 月 16 日至今）

科教与国际合作处

徐　汝　副处长（任职时间：2012 年 5 月 16 日至今）

丁　杨　副处长（任职时间：2012 年 5 月 16 日至今）

条件保障处

孙景旺　副处长（任职时间：2012 年 5 月 16 日至今）

靖瑞锋　副处长（任职时间：2012 年 5 月 16 日至今）

纪检监察室·审计处

朱传生　副处长（任职时间：2012 年 5 月 16 日至今）

风险监测与预警部

杨大进　副主任（任职时间：2012 年 5 月 16 日至今）

食源性疾病监测部

郭云昌　副主任（任职时间：2012 年 11 月 28 日至今）

风险评估一部

徐海滨　主　任（任职时间：2012年5月16日至今）

风险评估二部

刘兆平　副主任（任职时间：2012年5月16日至今）

张　磊　副主任（任职时间：2012年5月16日至今）

风险交流部（新闻宣传办公室）

郭丽霞　副主任（任职时间：2012年5月16日至今）

韩蕃璠　副主任（任职时间：2012年5月16日至今）

应急与监督技术部

计　融　副主任（任职时间：2012年5月16日至今）

张卫民　副主任（任职时间：2012年5月16日至今）

理化实验部

赵云峰　副主任（任职时间：2012年5月16日至今）

苗　虹　副主任（任职时间：2012年5月16日至今）

微生物实验部

李凤琴　主　任（任职时间：2012年5月16日至今）

郭云昌　副主任（任职时间：2012年5月16日~2012年11月27日）

毒理实验部

贾旭东　副主任（任职时间：2012年5月16日至今）

标准一部

樊永祥　副主任（任职时间：2012年5月16日至今）

标准二部

王　君　副主任（任职时间：2012年5月16日至今）

徐　进　副主任（任职时间：2012年5月16日至今）

标准三部

张俭波　副主任（任职时间：2012年5月16日至今）

韩军花　副主任（任职时间：2012 年 5 月 16 日至今）

质量控制办公室

李业鹏　副主任（任职时间：2012 年 5 月 16 日至今）

资源协作办公室

满冰兵　副主任（任职时间：2012 年 5 月 16 日至今）

信息技术部（中国食品卫生杂志编辑部）

肖　辉　主　任（任职时间：2012 年 5 月 16 日至今）

何来英　副主任（任职时间：2012 年 5 月 16 日至今）

第七部分　奖励与荣誉

集体奖

奖励名称	评奖单位	授奖时间
2011 年中华预防医学会科学技术奖二等奖	中华预防医学会	2012 年 7 月
卫生部第九套广播体操比赛一等奖	卫生部直属机关工会	2012 年 9 月
中国食品科技学会科技创新奖　技术进步一等奖	中国食品科技学会	2012 年 10 月
中国标准创新贡献奖一等奖（第三起草人）	国标委	2012 年 12 月
中华医学科技奖二等奖	中华医学会	2012 年 12 月
中国石油和化学工业联合会科技进步奖二等奖	中国石油和化学工业联合会	2012 年 12 月

个人奖

姓名	奖励名称	评奖单位	授奖时间
王君、刘秀梅	第十一届北京青年优秀科技论文二等奖	北京市食品学会	2011 年 11 月
李宁	全国医药卫生系统创先争优活动先进个人	全国医药卫生系统创先争优活动领导小组	2012 年 8 月
梁栋	“我身边的共产党员”演讲比赛优秀奖	全国医药卫生系统创先争优活动领导小组	2012 年 8 月
韩军花（第一完成人）	中国营养学会科学技术奖三等奖	中国营养学会	2012 年 10 月
李湖中、韩军花	第一届“君石杯”食品安全有奖征文 三等奖	中华预防医学会	2012 年 12 月
刘秀梅、田静、郭云昌、王竹天、裴晓燕等	中国食品科学技术学会科技创新奖　技术进步奖一等奖	中国食品科学技术学会	2012 年 12 月

第八部分　附　录

国家食品安全风险评估中心组建方案

（中央编办2011年4月14日批复）

国家食品安全风险评估中心是负责食品安全风险评估、监测、预警、交流等技术支持工作的公共卫生事业单位。国家食品安全风险评估中心建立理事会，党务、行政、后勤等日常事务由卫生部负责。

一、主要职责

（一）开展食品安全风险评估基础性工作，受委托具体承担食品安全风险评估相关科学数据、技术信息、检验结果的收集、处理、分析等任务，向国家食品安全风险评估专家委员会提交风险评估分析结果，经其确认后形成评估报告报卫生部，由卫生部负责依法统一向社会公众发布。其中，重大食品安全风险评估结果，提交理事会审议后报国家食品安全风险评估专家委员会。

（二）承担风险监测相关技术工作，参与研究提出监测计划，汇总分析监测信息。

（三）研究分析食品安全风险趋势和规律，向有关部门提出风险预警建议。

（四）开展食品安全知识的宣传普及工作，做好与媒体和公众的沟通交流。

（五）开展食品安全风险监测、评估和预警相关科学研究工作，组织开展全国食品安全风险监测、评估和预警相关培训工作。

（六）承担国家食品安全风险评估专家委员会秘书处、食品安全国家标准审评委员会秘书处的日常工作。

二、运行机制

卫生部是食品风险评估中心理事长单位，食品安全办、农业部为副理事长单位，工商总局、质检总局、食品药品监管局等部门为理事单位。

理事会是中心的决策监督机构，负责中心的发展规划、财务预决算、重大事务、章程拟订和修订等事项，按照有关规定履行人事等方面的管理职责，并监督中心的运行。

中心设立管理层，作为执行机构，由中心行政负责人及其他主要管理人员组成。管理层向理事会负责，按照理事会决议独立自主地履行日常业务管理、财务资产管理、一般工作人员管理等职责，定期向理事会报告工作。

三、人员编制

国家食品安全风险评估中心组建初期先核定财政补助事业编制200名。其中，从中国疾病预防控制中心营养与食品安全所划转30名，从白求恩医科大学中日联谊医院划转70名。待相关工作全面开展后，根据工作需要另行研究增编问题。

四、其他事项

（一）加强协调配合，严格落实责任，农业部、工商总局、质检总局、食品药品监管局等部门要加强食品安全风险评估相关技术支持工作，并按法律法规规定，向卫生部提出风险评估建议，及时全面地提供相关信息资料。卫生部应及时将风险评估任务下达给国家食品安全风险评估中心。其他相关部门不再设立专门的食品安全风险评估机构，不得擅自发布食品安全风险评估结果。同时，为体现食品安全风险评估的整体性，在开展食用农产品质量安全风险评估方面，农业部和卫生部要加强协调配合。

（二）充分利用现有检验检测机构资源。国家食品安全风险评估中心要与相关部门和地方的食品检验检测机构建立信息交流平台，充分利用检验成果。地方建立的风险评估技术支持机构，统一接受国家食品安全风险评估中心的技术指导，及时全面地报送相关资料、数据和信息，实现信息共享。根据工作需要，可在条件具备的部门所属的相关检验检测机构加挂分中心的牌子。

（三）做好章程拟定工作。由理事长单位牵头，抓紧组织拟定国家食品安全风险评估中心章程，完善相关制度和程序，保证风险评估工作的科学、客观和公正。章程经理事会审议通过后，报中央编办核准登记。

国家食品安全风险评估中心章程

（中央编办 2011 年 12 月 7 日批复）

一、总则

为规范和做好国家食品安全风险评估中心工作，根据《中华人民共和国食品安全法》、《事业单位登记管理暂行条例》及其实施细则和国家有关政策规定，制定本章程。

本单位名称是国家食品安全风险评估中心（以下简称食品风险评估中心）。

食品风险评估中心地址是北京市朝阳区潘家园南里 7 号。

食品风险评估中心是公共卫生事业单位。经费形式为财政全额保障，申请设立登记时的开办资金为人民币 595 万元。

食品风险评估中心举办单位为中华人民共和国卫生部（以下简称卫生部）。

二、宗旨和主要职责

食品风险评估中心的宗旨是为保障食品安全和公众健康提供食品安全风险管理技术支撑。

食品风险评估中心是负责食品安全风险评估、监测、预警、交流等技术支持工作的公共卫生事业单位，独立开展业务工作。

食品风险评估中心的主要职责包括：

开展食品安全风险评估基础性工作，具体承担食品安全风险评估相关科学数据、技术信息、检验结果的收集、处理、分析等任务，向国家食品安全风险评估专家委员会提交风险评估分析结果，经其确认后形成评估报告报卫生部，由卫生部负责依法统一向社会发布。其中，重大食品安全风险评估结果，提交理事会审议后报国家食品安全风险评估专家委员会。

承担风险监测相关技术工作，参与研究提出监测计划，汇总分析监测信息。

研究分析食品安全风险趋势和规律，向有关部门提出风险预警建议。

开展食品安全知识的宣传普及工作，做好与媒体和公众的沟通交流。

开展食品安全风险监测、评估和预警相关科学研究工作，组织开展全国食品安全风险监测、评估和预警相关培训工作。

与中国疾病预防控制中心建立工作机制，对食品安全事故应急反应提供技术指导。

对分中心进行业务指导，对地方风险评估技术支持机构进行技术指导。

承担国家食品安全风险评估专家委员会秘书处、食品安全国家标准审评委员会秘书处的日常工作。

承担法律法规规定和举办单位交办的其他工作。

三、组织机构

建立理事会作为食品风险评估中心的决策监督机构。

理事会由19人组成，其中设理事长1名、副理事长2名。

理事长由卫生部分管领导担任。

副理事长分别由国务院食品安全委员会办公室、农业部分管领导担任。

理事由相关行政部门代表、食品安全相关领域专家、食品风险评估中心管理层和服务对象代表等人员组成。

理事会成员应当保持相对固定，任期为5年，可连任。如需调整，按理事原产生方式产生，由理事会决定。

理事会履行下列职责：

拟订和修订食品风险评估中心章程；

提名食品风险评估中心主任人选，履行聘任手续；

审议食品风险评估中心发展规划和年度工作计划；

审议食品风险评估中心的年度工作报告；

审议食品风险评估中心的财务预算和决算报告；

审议食品风险评估中心提交的重大业务事项；

监督食品风险评估中心管理层执行理事会决议；

为食品风险评估中心开展业务工作提供相应保障。

根据法律法规和章程决定其他重大事项。

理事会一般每年召开两次全体理事会议。必要时由理事长或1/3以上的理事提议，或食品风险评估中心主任根据工作需要建议理事长提议，可召开专题会议。会议由理事长或受理事长委托的副理事长召集和主持。

理事会全体会议须有2/3以上理事会成员出席方能召开。理事会实行票决制，一人一票，理事会决议须经全部理事半数以上表决通过方为有效。因特殊原因无法出席理事会会议的理事，可以书面委托其他理事代为表决。

理事会会议应当制作会议记录，并以会议纪要形式形成决议，由理事长或受理事长委托的副理事长签发。

会议纪要应按有关规定向有关方面报告或披露。

理事长履行下列职责：

（一）召集和主持理事会会议；

（二）督促和检查理事会决议的落实情况；

（三）代表理事会签署有关文件；

（四）法律法规或章程规定的其他职责。

副理事长协助理事长开展工作。

理事的权利包括：

（一）理事会议发言权、表决权；

（二）对食品风险评估中心重要业务的知情权、建议权、质询权和监督权；

（三）法律法规规定的其他权利。

理事的义务包括：

（一）遵守食品风险评估中心章程及有关规定；

（二）遵守并执行理事会决议；

（三）按时参加理事会议及其他活动；

（四）法律法规规定的其他义务。

食品风险评估中心设管理层，由食品风险评估中心主任及其他主要管理人员组成，作为理事会的执行机构。管理层向理事会负责，按照理事会决议独立自主地履行评估中心的日常业务、财务资产及人员管理等职责，定期向理事会报告工作。

食品风险评估中心的党务、行政和后勤等日常事务由卫生部负责。

食品风险评估中心主任产生方式为理事会履行提名程序，依照干部管理权限由卫生部任命，由理事会履行聘任手续。

食品风险评估中心党委书记、副书记、纪委书记、副主任依照干部管理权限由卫生部任命。

食品风险评估中心实行理事会领导下的主任负责制，食品风险评估中心主任行使下列职权：

（一）全面负责食品风险评估中心业务工作；

（二）管理食品风险评估中心的日常事务；

（三）负责食品风险评估中心的人事、财务、资产等管理；

（四）按照理事会决议主持开展工作；

（五）法律法规和章程规定的其他职责。

食品风险评估中心主任经国家事业单位登记管理局核准登记后，取得本单位法定代表人资格。

食品风险评估中心应当按照精简、效能的原则，结合履行职责的实际需要设置业务技术和行政管理等内部组织机构，制订符合自身特点的人才引进、教育培训、职称评定和薪酬等人力资源管理制度。

四、工作要求

食品风险评估中心拟订年度工作计划、编制经费预算，并报理事会审议。重大业务事项应当及时向理事会报告。

食品风险评估中心的工作运行应当在独立、公开、公正的科学基础上进行。在缺乏科学数据和信息的情况下，应当组织食品安全风险监测、评估和预警相关科学研究工作。

食品风险评估中心开展业务工作需要理事会各成员单位提供数据、信息等技术支持时，可直接向理事会各成员单位提出。理事会成员单位应当及时提供相关数据和信息。

食品风险评估中心应当充分利用现有资源，与相关部门、科研院所、大专院校和相关技术机构建立合作机制和信息交流平台。

食品风险评估中心应当积极开展与国际组织以及其他国家食品安全风险评估的交流和合作。

五、财产的管理和使用

理事会及食品风险评估中心开展工作所需经费纳入中央财政预算全额安排，经费使用应当符合食品风险评估中心的宗旨和业务范围。

食品风险评估中心的财产及其他收入受法律保护，任何单位、个人不得侵占、私分、挪用。

食品风险评估中心财务、资产的管理和使用接受卫生部的监督和指导。

食品风险评估中心应当设立专门的财务机构，按照国家有关规定配备专职人员，会计人员需持证上岗。

食品风险评估中心实行“统一领导，集中管理”的财务管理体制。食品风险评估中心的财务活动在评估中心负责人的领导下，由食品风险评估中心财务部门集中管理。

食品风险评估中心应当根据国家财经法律法规，建立科学、规范、公开、有效的财务管理制度和资产管理制度，提高资金使用效益，保障国有资产完整。

食品风险评估中心行政负责人应当进行任期经济责任审计。

食品风险评估中心接受财政部、审计署、卫生部等相关部门依法实施的财务监督和检查。

六、终止和剩余财产处理

食品风险评估中心有以下情形之一，应当终止：

原审批机关决定撤销；

因合并、分立解散；

法律法规规定的其他情形。

食品风险评估中心终止，应当由全体理事一致通过，因特殊原因不能参加会议的理事除外。理事会的终止决议应当报卫生部审查同意。

卫生部同意食品风险评估中心终止后，理事会在卫生部和其他有关部门的指导下，成立清算组织，开展清算工作。清算期间不开展清算以外的活动。

清算工作结束，应当形成清算报告，经理事会通过后，报卫生部审查同意。卫生部审查同意后，向国家事业单位登记管理局申请注销登记。

食品风险评估中心终止后的剩余财产，在卫生部和有关部门的监督下，按照有关法律法规进行处置。

七、章程修改

食品风险评估中心有下列情形之一的，应当修改章程：

（一）章程与修订后的法律、法规不符的；

（二）章程内容发生变化的；

（三）理事会决定修改章程的。

章程的修改由理事会通过，经卫生部审查同意后，报国家事业单位登记管理局核准备案。涉及事业单位法人登记事项的，须向国家事业单位登记管理局申请变更登记。

八、附则

本章程经 2011 年 8 月 31 日理事会审议通过。

本章程的解释权属于理事会。

本章程自国家事业单位登记管理局核准登记之日起生效施行。

国家食品安全风险评估中心
理事会议事规则

（2012 年 5 月 15 日）

第一条　制定目的与依据

为保障国家食品安全风险评估中心理事会（以下简称理事会）充分发挥决策监督作用，提高理事会议事效率，根据《国家食品安全风险评估中心章程》，制定本议事规则。

第二条　理事会秘书处

理事会下设秘书处，秘书处设在国家食品安全风险评估中心（以下简称食品风险评估中心），由食品风险评估中心管理层指定专人负责秘书处工作，为理事会提供综合服务。

理事会秘书处的主要职责是：承担理事会日常事务；负责与理事会成员沟通联络；筹备理事会会议及其他相关活动，草拟会议文件，承担会议记录，撰写会议纪要；编制工作简报；协助落实理事会决议的相关事项；完成理事会要求办理的其他事项。

第三条　会议召开

理事会一般于每年年中和年底召开两次全体会议。必要时由理事长或 6 名以上理事会成员提议，召开专题会议。

理事会全体会议须有 13 名（含）以上理事会成员出席方可召开。

理事会会议一般现场召开。必要时，在保障理事充分表达意见的前提下，经召集人（主持人）同意，也可以通过视频、电话、传真或者电子邮件表决等方式召开。

第四条　会议的召集和主持

会议由理事长或受理事长委托的副理事长召集和主持。

第五条　会议议题

会议应有明确的议题和具体决议事项，议题内容围绕理事会职责设定。

会议议题一般由理事长提出，也可由副理事长或三名以上理事联名提出。

第六条　会议通知

会议通知包括预通知和正式通知。预通知一般在会议召开四周前发出（专题会议视议题缓急确定），包括以下内容：

（一）会议拟召开的时间、地点、方式；

（二）拟审议或报告的事项；

（三）提示需要准备的相关材料；

（四）联系人和联系方式。

会议正式通知应当在会议召开一周前发出，包括以下内容：

（一）会议召开的时间、地点、方式；

（二）拟审议或报告的事项；

（三）会议召集人和主持人、专题会议的提议人及其书面提议；

（四）表决所必需的会议材料；

（五）联系人和联系方式。

第七条　会议的出席

理事会成员有按时出席理事会会议和表决的权利与义务。因故不能参加会议的应向会议召集人和主持人请假。

理事会成员本人不能出席会议时，应当事先审阅会议材料，形成明确的意见，书面委托代表人出席。受委托人应当向理事会秘书处提交书面委托书。书面委托书应当载明：

（一）委托人和受委托人姓名；

（二）委托人不能出席会议的原因；

（三）委托人对每项议题的简要意见；

（四）委托人授权范围；

（五）委托人和受委托人签字、日期等。

根据会议需要，会议召集人可以通知其他有关人员列席理事会会议。

第八条　会议讨论

理事会审议的材料一般应在会前征求每位理事会成员的意见，反馈的意见或建议经秘书处汇总整理并提交理事会会议。

理事会成员应认真阅读有关会议材料，在充分了解情况的基础上独立发表意见。

第九条　会议表决

议题经过充分协商讨论后，主持人应当适时提请与会理事和被授予表决权的理事代表人，对议题逐一分别进行表决。

会议表决实行票决制，一人一票，理事会通常以举手的方式进行表决，经三名以上理事会成员（包括被授予表决权的理事代表人）提出亦可采取无记名投票方式表决。

理事的表决意向分为同意、反对和弃权。与会理事（包括被授予表决权的理事代表人）应当从上述意向中选择其一，未做选择或者同时选择两个以上意向的，会议主持人应当要求其重新选择，拒不选择的，视为弃权；中途离开会场不归而未做选择的，视为弃权。

第十条　形成决议

理事会会议一般应当对议题作出决议。

理事会决议须经参加会议的理事会成员（包括被授予表决权的理事代表人）超过半数以上表决通过方为有效。

第十一条　会议记录

会议记录应当包括以下内容：

（一）会议届次和召开的时间、地点、方式；

（二）会议召集人和主持人；

（三）理事亲自出席和受托出席的情况；

（四）关于会议程序进展情况的说明；

（五）会议审议的议题、理事（包括被授予表决权的理事代表人）对有关事项的发言要点和主要意见；

（六）每项议题的表决方式和表决结果（说明具体的同意、反对、弃权票数）；

（七）会议列席人名单；

（八）与会理事（包括被授予表决权的理事代表人）提出应当记载的其他事项。

会议记录人应当在会议记录上签字。

第十二条　会议纪要

除会议记录外，会议的主要议题及内容均应整理成会议纪要，由理事长或受理事长委托的副理事长签发，并于会后一周内印发理事。必要时，应事先征求与会理事的意见。

第十三条　决议的执行

理事会的议题一经形成决议，即由食品风险评估中心管理层组织贯彻落实。

召开理事会会议时，由食品风险评估中心主任或责成专人就以往理事会决议的执行或落实情况向理事会报告。理事有权就历次理事会决议的落实情况向有关执行者提出质询。

理事长可委托有关机构或人员就决议的实施情况进行督促和检查。

第十四条　工作简报

理事会秘书处应当及时将食品风险评估中心执行理事会决议和重大业务开展情况编制成工作简报，由食品风险评估中心主任签发、呈理事会成员审阅。

第十五条　档案保存与保密

理事会会议档案，包括会议通知和会议材料、会议签到簿、理事表决权的授权委托书、会议音像资料、表决票、会议记录、会议纪要、工作报告等，由理事会秘书处负责整理，食品风险评估中心档案室保存。

理事会重要会议档案应永久保存。

出席会议的理事会成员（包括被授予表决权的理事代表人）及会议列席人应当妥善保管会议文件，在会议有关决议内容对外正式披露前，对会议文件及会议决议的全部内容保密。

第十六条　附则

本规则自公布之日起生效。

国家食品安全风险评估中心
理事会成员名单

（截至2012年12月）

编号	单位	成员	职务	理事会任职
1	卫生部	陈啸宏	副部长	理事长
2	国务院食品安全办	刘佩智	副主任	副理事长
3	农业部	陈晓华	副部长	副理事长
4	工商总局	李玉家	副司长	理事
5	质检总局	马纯良	副司长	理事
6	食品药品监管局	范学慧	副司长	理事
7	中国科学院	张知彬	局长	理事
8	农业部农产品质量标准研究中心	叶志华	主任	理事
9	中国医学科学院	詹启敏	副院长	理事
10	中国疾控中心	王　宇	主任	理事
11	国家食品质量安全监督检验中心	曹宝森	主任	理事
12	中国食品药品检定研究院	丁丽霞	研究员	理事
13	国家食品安全风险评估专家委员会	陈君石	主任委员	理事
14	食品安全国家标准审评委员会	苏　志	副秘书长	理事
15	军事医学科学院	谢剑炜	主任	理事
16	国家食品安全风险评估中心	刘金峰	主任	理事
17	国家食品安全风险评估中心	侯培森	党委书记	理事
18	中国食品工业协会	熊必琳	副会长	理事
19	江苏省靖江市法院	陈燕萍	副院长	理事

第一届食品安全国家标准审评委员会委员名单

（截至 2012 年 12 月）

序号	姓　名	工作单位	担任职务
1	陈　竺	卫生部	主任委员
2	陈啸宏	卫生部	常务副主任委员
3	陈晓华	农业部	副主任委员
4	陈君石	国家食品安全风险评估中心	副主任委员　技术总师
5	刘金峰	国家食品安全风险评估中心	副主任委员
6	王　宇	中国疾病预防控制中心	副主任委员
7	陈宗懋	中国农业科学院茶叶研究所	副主任委员
8	庞国芳	中国检验检疫科学研究院	副主任委员
9	严卫星	国家食品安全风险评估中心	秘书长
10	苏　志	卫生部食品安全综合协调与卫生监督局	副秘书长
11	王竹天	国家食品安全风险评估中心	副秘书长
12	王苏阳	卫生部卫生监督中心	副秘书长
13	汪建荣	卫生部政法司	副秘书长
14	金发忠	农业部农产品质量安全监管局	副秘书长
15	郭　辉	国家标准化管理委员会农业食品标准部	副秘书长
一、污染物分委员会			
1	吴永宁	国家食品安全风险评估中心	分委员会主任委员
2	郑明辉	中国科学院生态环境研究中心	分委员会副主任委员

续表

序号	姓　名	工作单位	担任职务
3	李培武	中国农业科学院油料作物研究所	分委员会副主任委员
4	何更生	复旦大学公共卫生学院	委员
5	刘烈刚	华中科技大学	委员
6	张　正	北京市疾病预防控制中心	委员
7	王立斌	广东省疾病预防控制中心	委员
8	兰　真	四川省疾病预防控制中心	委员
9	林升清	福建省疾病预防控制中心	委员
10	严隽德	江苏省卫生监督所	委员
11	金培刚	浙江省疾病预防控制中心	委员
12	王福俤	中国科学院上海生命科学研究院营养科学研究所	委员
13	王　硕	天津科技大学	委员
14	李玉浸	农业部环境保护科研监测所	委员
15	苏晓鸥	国家饲料质量监督检验中心（北京）	委员
16	王乐凯	黑龙江省农科院农产品检测中心〔农业部谷物及制品质量监督检验测试中心（哈尔滨）〕	委员
17	潘　炜	国家粮食质量监督检验中心	委员
18	曹程明	上海市质量监督检验技术研究院	委员
19	仲维科	中国检验检疫科学研究院	委员
20	张　蔚	中国食品发酵工业研究院	委员
21	定天明	湖北省食品药品监督检验研究院	委员
22	王　君	国家食品安全风险评估中心	委员
23	李敬光	国家食品安全风险评估中心	委员
24	卫生部食品安全综合协调与卫生监督局		单位委员
25	农业部科技教育司		单位委员
26	商务部市场体系建设司		单位委员

续表

序号	姓　名	工作单位	担任职务
27	国家食品药品监督管理局食品安全监管司		单位委员
28	国家质量监督检验检疫总局动植物检疫监管司		单位委员
29	国家标准化管理委员会农业食品标准部		单位委员
二、微生物分委员会			
1	王　慧	中国科学院上海生命科学研究院营养科学研究所	分委员会主任委员
2	韩北忠	中国农业大学食品科学与营养工程学院	分委员会副主任委员
3	郭云昌	国家食品安全风险评估中心	分委员会副主任委员
4	廖兴广	河南省疾病预防控制中心	委员
5	刘　弘	上海市疾病预防控制中心	委员
6	邓小玲	广东省疾病预防控制中心	委员
7	何树森	四川省疾病预防控制中心	委员
8	申志新	河北省疾病预防控制中心	委员
9	卢行安	辽宁省出入境检验检疫局技术中心	委员
10	李秀桂	广西壮族自治区疾病预防控制中心	委员
11	钱家鸣	北京协和医院消化科	委员
12	孙吉昌	江西省疾病预防控制中心	委员
13	张　宏	天津市卫生监督所	委员
14	杨宪时	中国水产科学研究院东海水产研究所	委员
15	孟　瑾	农业部食品质量监督检验测试中心（上海）	委员
16	曾　静	北京市出入境检验检疫局	委员
17	蒋　原	江苏省出入境检验检疫局	委员
18	顾　鸣	上海市出入境检验检疫局	委员
19	赵毓梅	海南省药品检验所	委员
20	石　磊	华南理工大学	委员
21	孙宝忠	中国农业科学院北京畜牧兽医研究所	委员

续表

序号	姓　名	工作单位	担任职务
22	刘秀梅	国家食品安全风险评估中心	委员
23	陈　艳	国家食品安全风险评估中心	委员
24	李业鹏	国家食品安全风险评估中心	委员
25	徐　进	国家食品安全风险评估中心	委员
26	卫生部食品安全综合协调与卫生监督局		单位委员
27	农业部畜牧业司		单位委员
28	商务部市场体系建设司		单位委员
29	国家食品药品监督管理局食品安全监管司		单位委员
30	国家质量监督检验检疫总局进出口食品安全局		单位委员
31	国家标准化管理委员会农业食品标准部		单位委员
三、食品添加剂分委员会			
1	赵同刚	中国卫生监督协会	分委员会主任委员
2	齐庆中	中国食品添加剂和配料协会	分委员会副主任委员
3	魏　静	中国石油和化学工业协会	分委员会副主任委员
4	高小蔷	卫生部卫生监督中心	委员
5	邓　峰	广东省疾病预防控制中心	委员
6	张　丁	河南省疾病预防控制中心	委员
7	楼　霁	中国石油化工股份有限公司北京化工研究院	委员
8	刘幽若	中海油天津化工研究设计院	委员
9	沈日炯	沈阳化工研究院有限公司	委员
10	徐　易	上海香料研究所	委员
11	胡国华	上海师范大学工程食品研究院	委员
12	黄小平	重庆食品工业研究所	委员
13	石晟怡	中国医药集团总公司	委员
14	刘钟栋	河南工业大学	委员

续表

序号	姓　名	工作单位	担任职务
15	孔震宇	中国医药工业科研开发促进会	委员
16	钟之万	中化化工标准化研究所	委员
17	邹志飞	广东省出入境检验检疫局	委员
18	程劲松	国家食品质量监督检验中心	委员
19	李惠宜	中国食品发酵工业研究院	委员
20	王　彦	上海市食品药品检验所	委员
21	徐　岩	江南大学	委员
22	贾旭东	国家食品安全风险评估中心	委员
23	卫生部食品安全综合协调与卫生监督局		单位委员
24	农业部渔业局		单位委员
25	商务部市场体系建设司		单位委员
26	国家食品药品监督管理局食品安全监管司		单位委员
27	工业和信息化部消费品工业司		单位委员
28	国家质量监督检验检疫总局食品生产监管司		单位委员
29	国家标准化管理委员会农业食品标准部		单位委员
四、营养与特殊膳食食品分委员会			
1	程义勇	军事医学科学院卫生学环境医学研究所	分委员会主任委员
2	杨晓光	中国疾病预防控制中心营养与食品安全所	分委员会副主任委员
3	熊正河	中国食品发酵工业研究院	分委员会副主任委员
4	马文军	广东省疾病预防控制中心	委员
5	马爱国	青岛大学医学院	委员
6	江国虹	天津市疾病预防控制中心	委员
7	李可基	北京大学公共卫生学院	委员
8	李　勇	北京大学医学部	委员
9	汪思顺	贵州省疾病预防控制中心卫生监测检验所	委员

续表

序号	姓　名	工作单位	担任职务
10	苏宜香	中山大学公卫学院营养系	委员
11	姜培珍	上海市疾病预防控制中心	委员
12	孙长灏	哈尔滨医科大学公共卫生学院	委员
13	齐玉梅	天津市第三中心医院	委员
14	马　方	北京协和医院	委员
15	董绮娜	天津市卫生监督所	委员
16	薛长勇	解放军总医院	委员
17	刘小立	深圳市慢性病防治中心	委员
18	卢　一	四川烹饪高等专科学校	委员
19	车会莲	中国农业大学	委员
20	马冠生	中国疾病预防控制中心营养与食品安全所	委员
21	朴建华	中国疾病预防控制中心营养与食品安全所	委员
22	荫士安	中国疾病预防控制中心营养与食品安全所	委员
23	杨月欣	中国疾病预防控制中心营养与食品安全所	委员
24	卫生部食品安全综合协调与卫生监督局		单位委员
25	农业部农产品质量安全监管局		单位委员
26	商务部市场体系建设司		单位委员
27	国家食品药品监督管理局食品安全监管司		单位委员
28	工业和信息化部消费品工业司		单位委员
29	国家质量监督检验检疫总局食品生产监管司		单位委员
30	国家标准化管理委员会农业食品标准部		单位委员
五、食品产品分委员会			
1	张永慧	广东省疾病预防控制中心	分委员会主任委员
2	叶卫翔	深圳市出入境检验检疫局	分委员会副主任委员
3	贾志忍	中轻食品工业管理中心	分委员会副主任委员

续表

序号	姓　名	工作单位	担任职务
4	马　林	广州市卫生监督所	委员
5	谷　政	重庆市卫生局卫生监督所	委员
6	刘　玮	江西省疾病预防控制中心	委员
7	袁宝君	江苏省疾病预防控制中心	委员
8	顾　清	天津市疾病预防控制中心	委员
9	陈国忠	福建省疾病预防控制中心	委员
10	丛黎明	浙江省疾病预防控制中心	委员
11	石　华	黑龙江省卫生监督所	委员
12	王　芸	全国乳品标准化中心	委员
13	王联珠	中国水产科学研究院黄海水产研究所	委员
14	刘　肃	中国农业科学院蔬菜花卉研究所	委员
15	元晓梅	国家食品质量监督检验中心	委员
16	唐英章	中国检验检疫科学研究院	委员
17	胡永强	上海出入境检验检疫局	委员
18	许建军	中国标准化研究院	委员
19	陈　岩	中国食品发酵工业研究院	委员
20	郭新光	中国食品发酵工业研究院	委员
21	赵亚利	中国饮料工业协会	委员
22	宋昆冈	中国乳制品工业协会	委员
23	龚海岩	商务部流通产业促进中心认证处	委员
24	路　勇	北京市食品安全监控中心	委员
25	韩宏伟	国家食品安全风险评估中心	委员
26	卫生部食品安全综合协调与卫生监督局		单位委员
27	农业部农产品加工局		单位委员
28	工商总局食品流通监督管理司		单位委员

续表

序号	姓　名	工作单位	担任职务
29	商务部市场体系建设司		单位委员
30	国家食品药品监督管理局食品安全监管司		单位委员
31	工业和信息化部消费品工业司		单位委员
32	国家质量监督检验检疫总局食品生产监管司		单位委员
33	国家标准化管理委员会农业食品标准部		单位委员
六、生产经营规范分委员会			
1	张志强	卫生部卫生监督中心	分委员会主任委员
2	张艺兵	山东省出入境检验检疫局	分委员会副主任委员
3	陈卫东	广东省卫生监督所	分委员会副主任委员
4	郭子侠	北京市卫生监督所	委员
5	郭丽霞	国家食品安全风险评估中心	委员
6	涂顺明	中国食品发酵工业研究院	委员
7	李来好	中国水产科学研究院南海水产研究所	委员
8	廖小军	中国农业大学食品科学与营养工程学院	委员
9	巢强国	上海市质量监督检验技术研究院	委员
10	朱顺达	国家水产品及加工食品质检中心	委员
11	李经津	中国检验检疫科学研究院	委员
12	高永丰	河北省出入境检验检疫局	委员
13	张敬友	江苏省出入境检验检疫局	委员
14	刘　文	中国标准化研究院	委员
15	陈忘名	江苏省出入境检验检疫局	委员
16	陈　景	浙江省出入境检验检疫局	委员
17	陈建良	上海市出入境检验检疫局	委员
18	胡加彬	河南省出入境检验检疫局	委员
19	梁爱华	四川省烹饪高等专科学校	委员
20	李国新	青海省卫生厅卫生监督所	委员

续表

序号	姓　名	工作单位	担任职务
21	张新玲	商务部流通产业促进中心（商务部屠宰技术鉴定中心）	委员
22	卫生部食品安全综合协调与卫生监督局		单位委员
23	农业部农产品加工局		单位委员
24	工商总局食品流通监督管理司		单位委员
25	商务部市场体系建设司		单位委员
26	国家食品药品监督管理局食品安全监管司		单位委员
27	工业和信息化部消费品工业司		单位委员
28	国家质量监督检验检疫总局食品生产监管司		单位委员
29	国家标准化管理委员会农业食品标准部		单位委员
七、食品相关产品分委员会			
1	顾振华	上海市食品药品监督所	分委员会主任委员
2	杨明亮	湖北省卫生厅卫生监督局	分委员会副主任委员
3	陈家琪	轻工业塑料加工应用研究所	分委员会副主任委员
4	林香娟	浙江省卫生监督所	委员
5	罗聪彪	广西壮族自治区卫生监督所	委员
6	郭智成	杭州市卫生监督所	委员
7	蒋贤根	浙江省卫生监督所	委员
8	熊丽蓓	上海市疾病预防控制中心	委员
9	蔡　荣	上海市食品药品包装材料测试所	委员
10	高　培	天津市卫生监督所	委员
11	朱丽萍	广州市质量安全监督检验中心	委员
12	王朝晖	国家食品质量安全监督检验中心	委员
13	马爱进	中国标准化研究院	委员
14	王旭华	中国轻工业联合会	委员
15	张庆生	中国药品生物制品检定所	委员
16	王永芳	卫生部卫生监督中心	委员

续表

序号	姓　名	工作单位	担任职务
17	刘　珊	国家食品安全风险评估中心	委员
18	张文众	国家食品安全风险评估中心	委员
19	樊永祥	国家食品安全风险评估中心	委员
20	鲁　杰	国家食品安全风险评估中心	委员
21	卫生部食品安全综合协调与卫生监督局		单位委员
22	农业部农产品质量安全监管局		单位委员
23	商务部市场体系建设司		单位委员
24	国家食品药品监督管理局食品安全监管司		单位委员
25	国家质量监督检验检疫总局食品生产监管司		单位委员
26	国家标准化管理委员会农业食品标准部		单位委员
八、检验方法与规程分委员会			
1	江桂斌	中国科学院生态环境研究中心	分委员会主任委员
2	储晓刚	中国检验检疫科学研究院	分委员会副主任委员
（一）理化工作组			
3	杨大进	国家食品安全风险评估中心	工作组组长
4	方赤光	吉林省疾病预防控制中心	委员
5	邵　兵	北京市疾病预防控制中心	委员
6	任一平	浙江大学/浙江省疾病预防控制中心	委员
7	刘桂华	深圳市疾病预防控制中心	委员
8	梁春穗	广东省疾病预防控制中心	委员
9	潘振球	湖南省疾病预防控制中心	委员
10	常凤启	河北省疾病预防控制中心	委员
11	马永建	江苏省疾病预防控制中心	委员
12	陈　波	湖南师范大学化学化工学院	委员
13	吴国华	北京市疾病预防控制中心	委员

续表

序号	姓　名	工作单位	担任职务
14	汪国权	上海市疾病预防控制中心	委员
15	傅武胜	福建省疾病预防控制中心	委员
16	彭明婷	卫生部临床检验中心	委员
17	曹　红	国家食品质量安全监督检验中心	委员
18	岳振峰	深圳市出入境检验检疫局	委员
19	卫　锋	辽宁省出入境检验检疫局	委员
20	杨金宝	国家乳制品质量监督检验中心	委员
21	焦　红	广东省出入境检验检疫局	委员
22	黄　瑛	四川省食品药品检验所	委员
23	刘华琳	商务部流通产业促进中心	委员
24	赵云峰	国家食品安全风险评估中心	委员
25	蒋定国	国家食品安全风险评估中心	委员
26	卫生部食品安全综合协调与卫生监督局		单位委员
27	农业部农产品质量安全监管局		单位委员
28	商务部市场体系建设司		单位委员
29	国家食品药品监督管理局食品安全监管司		单位委员
30	国家认证认可监督管理委员会科技与标准管理部		单位委员
31	国家标准化管理委员会农业食品标准部		单位委员
（二）微生物工作组			
32	崔生辉	中国药品生物制品检定所	工作组组长
33	姜永强	军事医学科学院微生物流行病研究所	委员
34	韩　黎	解放军疾病预防控制所	委员
35	顾其芳	上海市疾病预防控制中心	委员
36	祝长青	江苏省出入境检验检疫局	委员
37	张惠媛	北京市出入境检验检疫局	委员

续表

序号	姓　名	工作单位	担任职务
38	吴清平	广东省微生物研究所	委员
39	杨　冰	中国水产科学研究院黄海水产研究所	委员
40	章桂明	深圳市出入境检验检疫局	委员
41	陈　颖	中国检验检疫科学研究院	委员
42	黄晓蓉	福建省出入境检验检疫局	委员
43	刘　祥	天津市产品质量监督检测技术研究院（国家加工食品质检中心）	委员
44	李卫华	山西省出入境检验检疫局	委员
45	杨　军	国家农副产品质量监督检验中心（南京）	委员
46	刘　莛	深圳市出入境检验检疫局	委员
47	曹际娟	辽宁省出入境检验检疫局	委员
48	徐伟东	上海市食品药品检验所	委员
49	杨　蕾	四川省食品药品检验所	委员
50	计　融	国家食品安全风险评估中心	委员
51	王晓英	中国动物疫病预防控制中心	委员
52	卫生部食品安全综合协调与卫生监督局		单位委员
53	农业部畜牧业司		单位委员
54	商务部市场体系建设司		单位委员
55	国家食品药品监督管理局食品安全监管司		单位委员
56	国家认证认可监督管理委员会科技与标准管理部		单位委员
57	国家标准化管理委员会农业食品标准部		单位委员
（三）毒理工作组			
58	黄俊明	广东省疾病预防控制中心	工作组组长
59	赵超英	北京市疾病预防控制中心	委员
60	王　茵	浙江省医学科学院	委员
61	肖　萍	上海市疾病预防控制中心	委员

续表

序号	姓　名	工作单位	担任职务
62	李　波	中国药品生物制品检定所国家药物安全评价监测中心	委员
63	谭建东	重庆市疾病预防控制中心	委员
64	彭双清	军事医学科学院	委员
65	肖　杭	南京医科大学公共卫生学院	委员
66	王　柯	上海市食品药品检验所	委员
67	周宇红	国家食品安全风险评估中心	委员
68	卫生部食品安全综合协调与卫生监督局		单位委员
69	农业部兽医局		单位委员
70	商务部市场体系建设司		单位委员
71	国家食品药品监督管理局食品安全监管司		单位委员
72	国家认证认可监督管理委员会科技与标准管理部		单位委员
73	国家标准化管理委员会农业食品标准部		单位委员
九、农药残留分委员会			
1	张延秋	农业部农药检定所	分委员会主任委员
2	陈宗懋	中国农业科学院茶叶研究所	分委员会副主任委员
3	乔雄梧	山西省农业科学院	分委员会副主任委员
4	叶纪明	农业部农药检定所	分委员会副主任委员
5	周志强	中国农业大学	委员
6	郑永权	中国农业科学院植物保护研究所	委员
7	花日茂	安徽农业大学	委员
8	吴亚玉	山东省农药检定所	委员
9	吕　潇	山东省农科院中心实验室	委员
10	潘灿平	中国农业大学	委员
11	王　静	中国农业科学院农业质量标准与检测技术研究所	委员

续表

序号	姓　名	工作单位	担任职务
12	朱国念	浙江大学	委员
13	刘　肃	中国农业科学院蔬菜花卉研究所	委员
14	丁日高	军事医学科学院毒物药物研究所	委员
15	王　捷	化学工业农药安全评价质量监督检验中心	委员
16	李卫东	北京大学	委员
17	李　宁	国家食品安全风险评估中心	委员
18	徐海滨	国家食品安全风险评估中心	委员
19	苗　虹	国家食品安全风险评估中心	委员
20	史延明	湖北省疾病预防控制中心	委员
21	李　青	吉林省疾病预防控制中心	委员
22	曹承宇	中国农药工业协会	委员
23	牟　峻	吉林省出入境检验检疫局	委员
24	姜　俊	国家粮食质量监督检验中心（大连）	委员
25	王凤池	河北省检验检疫局技术中心	委员
26	黄志强	湖南省出入境检验检疫局技术中心	委员
27	罗跃华	江西省食品药品检验所	委员
28	郝希成	国家粮食局科学研究院	委员
29	袁　建	南京财经大学	委员
30	刘文娟	商务部流通产业促进中心	委员
31	季　颖	农业部农药检定所	委员
32	陶传江	农业部农药检定所	委员
33	刘光学	农业部农药检定所	委员
34	单炜力	农业部农药检定所	委员
35	林　钦	农业部渔业环境及水产品质量监督检验测试中心（广州）	委员
36	吴光红	江苏省淡水水产研究所	委员

续表

序号	姓 名	工作单位	担任职务
37	工业和信息化部原材料司		单位委员
38	商务部市场体系建设司		单位委员
39	卫生部食品安全综合协调与卫生监督局		单位委员
40	国家质量监督检验检疫总局进出口食品安全局		单位委员
41	国家标准化管理委员会农业食品标准部		单位委员
42	国家食品药品监督管理局食品安全监管司		单位委员
43	国家粮食局标准质量中心		单位委员
十、兽药残留分委员会			
1	李金祥	农业部兽医局	分委员会主任委员
2	陈杖榴	华南农业大学兽医学院	分委员会副主任委员
3	董义春	中国兽医药品监察所	分委员会副主任委员
4	董洪岩	农业部农产品质量安全监管局	委员
5	赵　静	农业部蜂产品质量监督检验测试中心	委员
6	何艺兵	农业部科技教育司	委员
7	刘文娟	商务部流通产业促进中心	委员
8	姜　俊	国家粮食质量监督检验中心（大连）	委员
9	邹明强	中国检验检疫科学研究院	委员
10	谷继承	全国畜牧总站	委员
11	邱月明	中国标准化研究院	委员
12	肖　晶	国家食品安全风险评估中心	委员
13	汪建国	中国科学院水生生物研究所	委员
14	梁剑平	中国农业科学院兰州畜牧与兽药研究所	委员
15	周　婷	中国农业科学院蜜蜂研究所	委员
16	薛飞群	中国农业科学院上海家畜寄生虫病研究所	委员
17	李兆新	中国水产科学研究院黄海水产研究所	委员
18	吴淑勤	中国水产科学研究院珠江水产研究所	委员

续表

序号	姓　名	工作单位	担任职务
19	邹为民	中国水产科学研究院珠江水产研究所	委员
20	段文龙	中国兽医药品监察所	委员
21	冯忠武	中国兽医药品监察所	委员
22	高　光	中国兽医药品监察所	委员
23	郭文林	中国兽医药品监察所	委员
24	郭筱华	中国兽医药品监察所	委员
25	黄齐颐	中国兽医药品监察所	委员
26	黄耀凌	中国兽医药品监察所	委员
27	阚鹿枫	中国兽医药品监察所	委员
28	李慧姣	中国兽医药品监察所	委员
29	刘智宏	中国兽医药品监察所	委员
30	万仁玲	中国兽医药品监察所	委员
31	汪　霞	中国兽医药品监察所	委员
32	王树槐	中国兽医药品监察所	委员
33	王泰健	中国水产科学研究院	委员
34	徐士新	中国兽医药品监察所	委员
35	仲　锋	中国兽医药品监察所	委员
36	沈建忠	中国农业大学动物医学院	委员
37	肖希龙	中国农业大学动物医学院	委员
38	曾振灵	华南农业大学兽医学院	委员
39	袁宗辉	华中农业大学兽药研究所	委员
40	欧阳五庆	西北农林科技大学动物科技学院	委员
41	罗永煌	西南农业大学动物科技学院	委员
42	卜仕金	扬州大学兽医学院	委员
43	张雨梅	扬州大学兽医学院	委员
44	程　京	清华大学医学院生物芯片北京国家工程研究中心	委员

续表

序号	姓　名	工作单位	担任职务
45	江善祥	南京农业大学动物医学院	委员
46	姚火春	南京农业大学动物医学院	委员
47	胡功政	河南农业大学牧医工程学院	委员
48	张秀英	东北农业大学	委员
49	邓旭明	吉林大学畜牧兽医学院	委员
50	钱志平	安徽省兽药饲料监察所	委员
51	吴国娟	北京农学院畜牧兽医系	委员
52	薛　颖	北京市疾病预防控制中心	委员
53	翟淑萍	北京兽药监察所	委员
54	林红华	福建省兽药饲料监察所	委员
55	伏慧明	甘肃省兽药饲料监察所	委员
56	肖田安	广东省兽药与饲料监察总所	委员
57	崔艳莉	广西兽药监察所	委员
58	余　萍	贵州省兽药监察所	委员
59	李金超	河北省兽药监察所	委员
60	李志平	河北省兽药监察所	委员
61	贾振民	河南省兽药监察所	委员
62	郭文欣	黑龙江省兽药饲料监察所	委员
63	曾　勇	湖北省兽药监察所	委员
64	权仁子	吉林省兽药饲料监察所	委员
65	邵德佳	江苏省兽药监察所	委员
66	姜文娟	江西省兽药饲料监察所	委员
67	陈莹莹	辽宁省兽药饲料监察所	委员
68	王淑芬	辽宁省兽药饲料监察所	委员
69	李瑞和	内蒙古兽药监察所	委员

续表

序号	姓　名	工作单位	担任职务
70	王　伟	内蒙古自治区食品药品检验所	委员
71	祝卫东	宁夏兽药饲料监察所	委员
72	武秀云	青海省兽药饲料监察所	委员
73	陈　玲	山东省兽药监察所	委员
74	武晋孝	山西省兽药监察所	委员
75	陈茂盛	陕西省出入境检验检疫局	委员
76	刘海静	陕西省食品药品检验所	委员
77	孙　涛	陕西省兽药监察所	委员
78	朱　坚	上海市出入境检验检疫局	委员
79	顾　欣	上海市兽药饲料监察所	委员
80	黄士新	上海市兽药饲料监察所	委员
81	岳振峰	深圳市出入境检验检疫局	委员
82	程　江	四川省兽药监察所	委员
83	彭　莉	四川省兽药监察所	委员
84	董志远	新疆维吾尔自治区兽药饲料监察所	委员
85	李亚琳	云南省兽药监察所	委员
86	陆春波	浙江省兽药监察所	委员
87	苏　亮	重庆市兽药饲料监察所	委员
88	商务部市场秩序司		单位委员
89	卫生部食品安全综合协调与卫生监督局		单位委员
90	国家质量监督检验检疫总局进出口食品安全局		单位委员
91	国家标准化管理委员会农业食品标准部		单位委员
92	国家体育总局反兴奋剂中心		单位委员
93	国家食品药品监督管理局食品安全监管司		单位委员

第一届国家食品安全风险评估专家委员会成员名单

（截至 2012 年 12 月）

	姓名	现从事专业	职称	工作单位
1	陈君石	食品毒理和风险评估	研究员/院士	国家食品安全风险评估中心
2	严卫星	食品毒理和风险评估	研究员	国家食品安全风险评估中心
3	李　宁	食品毒理和风险评估	研究员	国家食品安全风险评估中心
4	吴永宁	食品化学和风险评估	研究员	国家食品安全风险评估中心
5	白雪涛	环境毒理评价	研究员	中国疾病预防控制中心
6	张立实	食品毒理	教授	四川大学华西公共卫生学院
7	杨杏芬	食品毒理	教授	广东省疾病预防控制中心
8	刘兆平	食品毒理和风险评估	副研究员	国家食品安全风险评估中心
9	郝卫东	卫生毒理	教授	北京大学公卫学院
10	刘　沛	卫生统计	教授	东南大学公共卫生学院
11	张建中	微生物	研究员	中国疾病预防控制中心
12	孙承业	中毒控制	研究员	中国疾病预防控制中心
13	仲伟鉴	卫生毒理	主任医师	上海市疾病预防控制中心
14	钱家鸣	消化内科	主任医师	北京协和医院
15	徐樨巍	儿科消化	主任医师	北京儿童医院
16	陈宗懋	食品安全	院士/研究员	中国农业科学院茶叶研究所
17	蒋跃明	农产品质量安全	研究员	中国科学院华南植物园
18	马贵平	动物和食品检疫	研究员	北京市出入境检验检疫局

续表

	姓名	现从事专业	职称	工作单位
19	徐士新	兽药评审	研究员	农业部中国兽医药品监察所
20	魏益民	食品科学与工程	教授	中国农业科学院农产品加工研究所
21	叶纪明	农药管理	研究员	农业部农药检定所
22	林　洪	水产品安全与质量控制	教　授	中国海洋大学
23	李建中	环境科学	研究员	中国科学院生态环境研究中心
24	王竹天	食品化学和风险评估	研究员	国家食品安全风险评估中心
25	刘秀梅	食品微生物和评估	研究员	国家食品安全风险评估中心
26	徐海滨	食品毒理和风险评估	研究员	国家食品安全风险评估中心
27	李凤琴	食品微生物和风险评估	研究员	国家食品安全风险评估中心
28	张志强	食品标准和风险评估	研究员	卫生部监督中心
29	焦新安	人畜共患病防控与食品安全	教　授	扬州大学
30	曹　红	食品质量安全	高级工程师	国家食品质量安全监督检验中心
31	庞国芳	食品安全检测与标准化	研究员/院士	中国检验检疫科学研究院
32	潘迎捷	食品安全	教授	上海海洋大学
33	杨瑞馥	微生物学	教授	军事医学科学院
34	储晓刚	食品有害物质分析	研究员	中国检验检疫科学研究院
35	江桂斌	环境科学	研究员	中国科学院生态环境研究中心
36	孟素荷	食品科技管理	高级工程师	中国食品科学技术学会
37	杨晓光	营养学	研究员	中国疾病预防控制中心
38	薛长勇	临床营养	主任医师	解放军总医院
39	肖　颖	食品风险评估	研究员	香港食物安全中心
40	蔡木易	生物工程	高级工程师	中国食品发酵工业研究院
41	李建国	食品检验	教授	河北疾病预防控制中心
42	丁钢强	食品监督管理	主任医师	浙江疾病预防控制中心

食品风险评估中心国际顾问专家委员会委员名单

保罗·布伦特（Paul Brent）

澳大利亚－新西兰食品安全标准局首席科学家，产品安全标准部主管

凯瑟琳·卡特琳娜（Catherine GeslainLanéelle）

欧洲食品安全局执行主任

赛缪尔·戈弗雷（Samuel Godefroy）

联合国粮农组织/世界卫生组织食品法典委员会副主席，加拿大卫生部食品局局长

孟江洪（Jianghong Meng）

美国食品安全和应用营养研究中心主任，美国马里兰大学营养和食品科学系教授

吉罗德·莫亚（Gerald Moy）

国际食品安全顾问，原世界卫生组织食品安全和人畜共患病资深科学家及全球环境监测/食品项目负责人

帕里克·华尔（Patrick Wall）

爱尔兰都柏林大学公共卫生及人口学系副教授，都柏林大学行为和健康研究中心主任

山田友纪子（Yukiko Yamada）

联合国粮农组织/世界卫生组织农药残留组成员，日本农林水产省技术总干事/首席科学家

食品安全国家标准数量统计

（截至2012年12月）

	标准名称	标准号
食品安全基础标准(7个)		
1	食品中污染物限量	GB 2762—2012
2	食品中真菌毒素限量	GB 2761—2011
3	食品添加剂使用标准	GB 2760—2011
4	食品营养强化剂使用标准	GB 14880—2012
5	食品中农药最大残留限量	GB 2763—2012
6	预包装食品标签通则	GB 7718—2011
7	预包装食品营养标签通则	GB 28050—2011
食品产品标准(17个)		
1	生乳	GB 19301—2010
2	巴氏杀菌乳	GB 19645—2010
3	灭菌乳	GB 25190—2010
4	调制乳	GB 25191—2010
5	发酵乳	GB 19302—2010
6	炼乳	GB 13102—2010
7	乳粉	GB 19644—2010
8	乳清粉和乳清蛋白粉	GB 11674—2010
9	稀奶油、奶油和无水奶油	GB 19646—2010
10	干酪	GB 5420—2010

续表

	标准名称	标准号
11	再制干酪	GB 25192—2010
12	乳糖	GB 25595—2010
13	蜂蜜	GB 14963—2011
14	速冻面米制品	GB 19295—2011
15	蒸馏酒及其配制酒	GB 2757—2012
16	发酵酒及其配制酒	GB 2758—2012
17	食用盐碘含量	GB 26878—2011
特膳(5 个)		
1	婴儿配方食品	GB 10765—2010
2	较大婴儿和幼儿配方食品	GB 10767—2010
3	婴幼儿谷类辅助食品	GB 10769—2010
4	婴幼儿罐装辅助食品	GB 10770—2010
5	特殊医学用途婴儿配方食品通则	GB 25596—2010
食品生产经营规范标准(2 个)		
1	乳制品良好生产规范	GB 12693—2010
2	粉状婴幼儿配方食品良好生产规范	GB 23790—2010
食品相关产品(5 个)		
1	不锈钢制品	GB 9684—2011
2	消毒剂	GB 14930.2—2012
3	有机硅防粘涂料	GB 11676—2012
4	易拉罐内壁水基改性环氧树脂涂料	GB 11677—2012
5	内壁环氧聚酰胺树脂涂料	GB 9686—2012
理化检验方法(41 个)		
1	生乳相对密度的测定	GB 5413.33—2010
2	乳和乳制品杂质度的测定	GB 5413.30—2010

续表

	标准名称	标准号
3	乳和乳制品酸度的测定	GB 5413. 34—2010
4	婴幼儿食品和乳品中脂肪的测定	GB 5413. 3—2010
5	婴幼儿食品和乳品溶解性的测定	GB 5413. 29—2010
6	婴幼儿食品和乳品中脂肪酸的测定	GB 5413. 27—2010
7	婴幼儿食品和乳品中乳糖、蔗糖的测定	GB 5413. 5—2010
8	婴幼儿食品和乳品中不溶性膳食纤维的测定	GB 5413. 6—2010
9	婴幼儿食品和乳品中维生素 A、D、E 的测定	GB 5413. 9—2010
10	婴幼儿食品和乳品中维生素 K_1 的测定	GB 5413. 10—2010
11	婴幼儿食品和乳品中维生素 B_1 的测定	GB 5413. 11—2010
12	婴幼儿食品和乳品中维生素 B_2 的测定	GB 5413. 12—2010
13	婴幼儿食品和乳品中维生素 B_6 的测定	GB 5413. 13—2010
14	婴幼儿食品和乳品中维生素 B_{12}的测定	GB 5413. 14—2010
15	婴幼儿食品和乳品中烟酸和烟酰胺的测定	GB 5413. 15—2010
16	婴幼儿食品和乳品中叶酸(叶酸盐活性)的测定	GB 5413. 16—2010
17	婴幼儿食品和乳品中泛酸的测定	GB 5413. 17—2010
18	婴幼儿食品和乳品中维生素 C 的测定	GB 5413. 18—2010
19	婴幼儿食品和乳品中游离生物素的测定	GB 5413. 19—2010
20	婴幼儿食品和乳品中钙、铁、锌、钠、钾、镁、铜和锰的测定	GB 5413. 21—2010
21	婴幼儿食品和乳品中磷的测定	GB 5413. 22—2010
22	婴幼儿食品和乳品中碘的测定	GB 5413. 23—2010
23	婴幼儿食品和乳品中氯的测定	GB 5413. 24—2010
24	婴幼儿食品和乳品中肌醇的测定	GB 5413. 25—2010
25	婴幼儿食品和乳品中牛磺酸的测定	GB 5413. 26—2010
26	婴幼儿食品和乳品中 β－胡萝卜素的测定	GB 5413. 35—2010
27	婴幼儿食品和乳品中反式脂肪酸的测定	GB 5413. 36—2010

续表

	标准名称	标准号
28	乳和乳制品中黄曲霉毒素 M_1 的测定	GB 5413.37—2010
29	食品中蛋白质的测定	GB 5009.5—2010
30	食品中水分的测定	GB 5009.3—2010
31	食品中灰分的测定	GB 5009.4—2010
32	食品中铅的测定	GB 5009.12—2010
33	食品中亚硝酸盐与硝酸盐的测定	GB 5009.33—2010
34	食品中黄曲霉毒素 M_1 和 B_1 的测定	GB 5009.24—2010
35	食品中硒的测定	GB 5009.93—2010
36	乳和乳制品中苯甲酸和山梨酸的测定	GB 21703—2010
37	干酪及加工干酪制品中添加的柠檬酸盐的测定	GB 22031—2010
38	生乳冰点的测定	GB 5413.38—2010
39	乳和乳制品中非脂乳固体的测定	GB 5413.39—2010
40	保健食品中 α - 亚麻酸、二十碳五烯酸、二十二碳五烯酸和二十二碳六烯酸的测定	GB 28404—2012
41	植物性食品中稀土元素的测定（代替 GB/T 5009.94—2003，GB/T 7630—1987，GB/T 22290—2008，GB/T 23199—2008）	GB 5009.94—2012
微生物检验方法(14 项)		
1	食品微生物学检验　总则	GB 4789.1—2010
2	食品微生物学检验　菌落总数测定	GB 4789.2—2010
3	食品微生物学检验　大肠菌群计数	GB 4789.3—2010
4	食品微生物学检验　沙门氏菌检验	GB 4789.4—2010
5	食品微生物学检验　金黄色葡萄球菌检验	GB 4789.10—2010
6	食品微生物学检验　霉菌和酵母计数	GB 4789.15—2010
7	食品微生物学检验　乳与乳制品检验	GB 4789.18—2010
8	食品微生物学检验　单核细胞增生李斯特氏菌检验	GB 4789.30—2010
9	食品微生物学检验　乳酸菌检验	GB 4789.35—2010
10	食品微生物学检验　阪崎肠杆菌检验	GB 4789.40—2010

续表

	标准名称	标准号
11	食品生物学检验 志贺氏菌检验(代替 GB/T 4789.5—2003)	GB 4789.5—2012
12	食品微生物学检验 产气荚膜梭菌检验(代替 GB/T 4789.13—2003)	GB 4789.13—2012
13	食品微生物学检验 双歧杆菌的鉴定(代替 GB/T 4789.34—2008)	GB 4789.34—2012
14	食品微生物学检验大肠埃希氏菌计数	GB 4789.38—2012
食品添加剂标准(203 个)		
1	复配食品添加剂通则	GB 26687—2011
2	食品工业用酶制剂	GB 25594—2010
3	食品添加剂　琼脂(琼胶)	GB 1975—2010
4	食品添加剂　二丁基羟基甲苯(BHT)	GB 1900—2010
5	食品添加剂　硫磺	GB 3150—2010
6	食品添加剂　苋菜红	GB 4479.1—2010
7	食品添加剂　柠檬黄	GB 4481.1—2010
8	食品添加剂　柠檬黄铝色淀	GB 4481.2—2010
9	食品添加剂　日落黄	GB 6227.1—2010
10	食品添加剂　栀子黄	GB 7912—2010
11	食品添加剂　葡萄糖酸锌	GB 8820—2010
12	食品添加剂　乙基麦芽酚	GB 12487—2010
13	食品添加剂　吗啉脂肪酸盐果蜡	GB 12489—2010
14	食品添加剂　维生素 A	GB 14750—2010
15	食品添加剂　维生素 B_1(盐酸硫胺)	GB 14751—2010
16	食品添加剂　维生素 B_2(核黄素)	GB 14752—2010
17	食品添加剂　维生素 B_6(盐酸吡哆醇)	GB 14753—2010
18	食品添加剂　维生素 C(抗坏血酸)	GB 14754—2010
19	食品添加剂　维生素 D_2(麦角钙化醇)	GB 14755—2010

续表

	标准名称	标准号
20	食品添加剂 维生素 E(dl-α-醋酸生育酚)	GB 14756—2010
21	食品添加剂 烟酸	GB 14757—2010
22	食品添加剂 咖啡因	GB 14758—2010
23	食品添加剂 牛磺酸	GB 14759—2010
24	食品添加剂 新红	GB 14888.1—2010
25	食品添加剂 新红铝色淀	GB 14888.2—2010
26	食品添加剂 叶酸	GB 15570—2010
27	食品添加剂 葡萄糖酸钙	GB 15571—2010
28	食品添加剂 赤藓红	GB 17512.1—2010
29	食品添加剂 赤藓红铝色淀	GB 17512.2—2010
30	食品添加剂 L-苏糖酸钙	GB 17779—2010
31	食品添加剂 三氯蔗糖	GB 25531—2010
32	食品添加剂 纳他霉素	GB 25532—2010
33	食品添加剂 果胶	GB 25533—2010
34	食品添加剂 红米红	GB 25534—2010
35	食品添加剂 结冷胶	GB 25535—2010
36	食品添加剂 萝卜红	GB 25536—2010
37	食品添加剂 乳酸纳(溶液)	GB 25537—2010
38	食品添加剂 双乙酸钠	GB 25538—2010
39	食品添加剂 双乙酰酒石酸单双甘油酯	GB 25539—2010
40	食品添加剂 乙酰磺胺酸钾	GB 25540—2010
41	食品添加剂 聚葡萄糖	GB 25541—2010
42	食品添加剂 甘氨酸(氨基乙酸)	GB 25542—2010
43	食品添加剂 L-丙氨酸	GB 25543—2010
44	食品添加剂 DL-苹果酸	GB 25544—2010

续表

	标准名称	标准号
45	食品添加剂 L(+)-酒石酸	GB 25545—2010
46	食品添加剂 富马酸	GB 25546—2010
47	食品添加剂 脱氢乙酸钠	GB 25547—2010
48	食品添加剂 丙酸钙	GB 25548—2010
49	食品添加剂 丙酸钠	GB 25549—2010
50	食品添加剂 L-肉碱酒石酸盐	GB 25550—2010
51	食品添加剂 山梨醇酐单月桂酸酯(司盘20)	GB 25551—2010
52	食品添加剂 山梨醇酐单棕榈酸酯(司盘40)	GB 25552—2010
53	食品添加剂 聚氧乙烯(20)山梨醇酐单硬脂酸酯(吐温60)	GB 25553—2010
54	食品添加剂 聚氧乙烯(20)山梨醇酐单油酸酯(吐温80)	GB 25554—2010
55	食品添加剂 L-乳酸钙	GB 25555—2010
56	食品添加剂 酒石酸氢钾	GB 25556—2010
57	食品添加剂 焦磷酸钠	GB 25557—2010
58	食品添加剂 磷酸三钙	GB 25558—2010
59	食品添加剂 磷酸二氢钙	GB 25559—2010
60	食品添加剂 磷酸二氢钾	GB 25560—2010
61	食品添加剂 磷酸氢二钾	GB 25561—2010
62	食品添加剂 焦磷酸四钾	GB 25562—2010
63	食品添加剂 磷酸三钾	GB 25563—2010
64	食品添加剂 磷酸二氢钠	GB 25564—2010
65	食品添加剂 磷酸三钠	GB 25565—2010
66	食品添加剂 三聚磷酸钠	GB 25566—2010
67	食品添加剂 焦磷酸二氢二钠	GB 25567—2010
68	食品添加剂 磷酸氢二钠	GB 25568—2010

续表

	标准名称	标准号
69	食品添加剂　磷酸二氢铵	GB 25569—2010
70	食品添加剂　焦亚硫酸钾	GB 25570—2010
71	食品添加剂　氢氧化钙	GB 25572—2010
72	食品添加剂　过氧化钙	GB 25573—2010
73	食品添加剂　次氯酸钠	GB 25574—2010
74	食品添加剂　氢氧化钾	GB 25575—2010
75	食品添加剂　二氧化硅	GB 25576—2010
76	食品添加剂　二氧化钛	GB 25577—2010
77	食品添加剂　滑石粉	GB 25578—2010
78	食品添加剂　硫酸锌	GB 25579—2010
79	食品添加剂　稳定态二氧化氯溶液	GB 25580—2010
80	食品添加剂　亚铁氰化钾(黄血盐钾)	GB 25581—2010
81	食品添加剂　硅酸钙铝	GB 25582—2010
82	食品添加剂　硅铝酸钠	GB 25583—2010
83	食品添加剂　氯化镁	GB 25584—2010
84	食品添加剂　氯化钾	GB 25585—2010
85	食品添加剂　碳酸氢三钠(倍半碳酸钠)	GB 25586—2010
86	食品添加剂　碳酸镁	GB 25587—2010
87	食品添加剂　碳酸钾	GB 25588—2010
88	食品添加剂　碳酸氢钾	GB 25589—2010
89	食品添加剂　亚硫酸氢钠	GB 25590—2010
90	食品添加剂　复合膨松剂	GB 25591—2010
91	食品添加剂　硫酸铝铵	GB 25592—2010
92	食品添加剂　N,2,3-三甲基-2-异丙基丁酰胺	GB 25593—2010
93	食品添加剂　二十二碳六烯酸油脂(发酵法)	GB 26400—2011

续表

	标准名称		标准号
94	食品添加剂	花生四烯酸油脂（发酵法）	GB 26401—2011
95	食品添加剂	碘酸钾	GB 26402—2011
96	食品添加剂	特丁基对苯二酚	GB 26403—2011
97	食品添加剂	赤藓糖醇	GB 26404—2011
98	食品添加剂	叶黄素	GB 26405—2011
99	食品添加剂	叶绿素铜钠盐	GB 26406—2011
100	食品添加剂	β-胡萝卜素	GB 8821—2011
101	食品添加剂	山梨醇酐单硬脂酸酯（司盘60）	GB 13481—2011
102	食品添加剂	山梨醇酐单油酸酯（司盘80）	GB 13482—2011
103	食品添加剂	活性白土	GB 25571—2011
104	食品添加剂	核黄素5′—磷酸钠	GB 28301—2012
105	食品添加剂	辛，癸酸甘油酯	GB 28302—2012
106	食品添加剂	辛烯基琥珀酸淀粉钠	GB 28303—2012
107	食品添加剂	可得然胶	GB 28304—2012
108	食品添加剂	乳酸钾	GB 28305—2012
109	食品添加剂	L-精氨酸	GB 28306—2012
110	食品添加剂	麦芽糖醇和麦芽糖醇液	GB 28307—2012
111	食品添加剂	植物炭黑	GB 28308—2012
112	食品添加剂	酸性红（偶氮玉红）	GB 28309—2012
113	食品添加剂	β-胡萝卜素（发酵法）	GB 28310—2012
114	食品添加剂	栀子蓝	GB 28311—2012
115	食品添加剂	玫瑰茄红	GB 28312—2012
116	食品添加剂	葡萄皮红	GB 28313—2012
117	食品添加剂	辣椒油树脂	GB 28314—2012
118	食品添加剂	紫草红	GB 28315—2012

续表

	标准名称	标准号
119	食品添加剂 番茄红	GB 28316—2012
120	食品添加剂 靛蓝	GB 28317—2012
121	食品添加剂 靛蓝铝色淀	GB 28318—2012
122	食品添加剂 庚酸烯丙酯	GB 28319—2012
123	食品添加剂 苯甲醛	GB 28320—2012
124	食品添加剂 十二酸乙酯(月桂酸乙酯)	GB 28321—2012
125	食品添加剂 十四酸乙酯(肉豆蔻酸乙酯)	GB 28322—2012
126	食品添加剂 乙酸香茅酯	GB 28323—2012
127	食品添加剂 丁酸香叶酯	GB 28324—2012
128	食品添加剂 乙酸丁酯	GB 28325—2012
129	食品添加剂 乙酸己酯	GB 28326—2012
130	食品添加剂 乙酸辛酯	GB 28327—2012
131	食品添加剂 乙酸癸酯	GB 28328—2012
132	食品添加剂 顺式-3-己烯醇乙酸酯(乙酸叶醇酯)	GB 28329—2012
133	食品添加剂 乙酸异丁酯	GB 28330—2012
134	食品添加剂 丁酸戊酯	GB 28331—2012
135	食品添加剂 丁酸己酯	GB 28332—2012
136	食品添加剂 顺式-3-己烯醇丁酸酯(丁酸叶醇酯)	GB 28333—2012
137	食品添加剂 顺式-3-己烯醇己酸酯(己酸叶醇酯)	GB 28334—2012
138	食品添加剂 2-甲基丁酸乙酯	GB 28335—2012
139	食品添加剂 2-甲基丁酸	GB 28336—2012
140	食品添加剂 乙酸薄荷酯	GB 28337—2012
141	食品添加剂 乳酸 l-薄荷酯	GB 28338—2012
142	食品添加剂 二甲基硫醚	GB 28339—2012
143	食品添加剂 3-甲硫基丙醇	GB 28340—2012

续表

	标准名称	标准号
144	食品添加剂　3-甲硫基丙醛	GB 28341—2012
145	食品添加剂　3-甲硫基丙酸甲酯	GB 28342—2012
146	食品添加剂　3-甲硫基丙酸乙酯	GB 28343—2012
147	食品添加剂　乙酰乙酸乙酯	GB 28344—2012
148	食品添加剂　乙酸肉桂酯	GB 28345—2012
149	食品添加剂　肉桂醛	GB 28346—2012
150	食品添加剂　肉桂酸	GB 28347—2012
151	食品添加剂　肉桂酸甲酯	GB 28348—2012
152	食品添加剂　肉桂酸乙酯	GB 28349—2012
153	食品添加剂　肉桂酸苯乙酯	GB 28350—2012
154	食品添加剂　5-甲基糠醛	GB 28351—2012
155	食品添加剂　苯甲酸甲酯	GB 28352—2012
156	食品添加剂　茴香醇	GB 28353—2012
157	食品添加剂　大茴香醛	GB 28354—2012
158	食品添加剂　水杨酸甲酯（柳酸甲酯）	GB 28355—2012
159	食品添加剂　水杨酸乙酯（柳酸乙酯）	GB 28356—2012
160	食品添加剂　水杨酸异戊酯（柳酸异戊酯）	GB 28357—2012
161	食品添加剂　丁酰乳酸丁酯	GB 28358—2012
162	食品添加剂　乙酸苯乙酯	GB 28359—2012
163	食品添加剂　苯乙酸苯乙酯	GB 28360—2012
164	食品添加剂　苯乙酸乙酯	GB 28361—2012
165	食品添加剂　苯氧乙酸烯丙酯	GB 28362—2012
166	食品添加剂　二氢香豆素	GB 28363—2012
167	食品添加剂　2-甲基-2-戊烯酸（草莓酸）	GB 28364—2012
168	食品添加剂　4-羟基-2,5-二甲基-3(2H)呋喃酮	GB 28365—2012

续表

	标准名称		标准号
169	食品添加剂	2－乙基－4－羟基－5－甲基－3(2H)－呋喃酮	GB 28366—2012
170	食品添加剂	4－羟基－5－甲基－3(2H)呋喃酮	GB 28367—2012
171	食品添加剂	2,3－戊二酮	GB 28368—2012
172	食品添加剂	磷脂	GB 28401—2012
173	食品添加剂	普鲁兰多糖	GB 28402—2012
174	食品添加剂	瓜尔胶	GB 28403—2012
175	食品添加剂	氨水	GB 29201—2012
176	食品添加剂	氮气	GB 29202—2012
177	食品添加剂	碘化钾	GB 29203—2012
178	食品添加剂	硅胶	GB 29204—2012
179	食品添加剂	硫酸	GB 29205—2012
180	食品添加剂	硫酸铵	GB 29206—2012
181	食品添加剂	硫酸镁	GB 29207—2012
182	食品添加剂	硫酸锰	GB 29208—2012
183	食品添加剂	硫酸钠	GB 29209—2012
184	食品添加剂	硫酸铜	GB 29210—2012
185	食品添加剂	硫酸亚铁	GB 29211—2012
186	食品添加剂	羟基铁粉	GB 29212—2012
187	食品添加剂	硝酸钾	GB 29213—2012
188	食品添加剂	亚铁氰化钠	GB 29214—2012
189	食品添加剂	植物活性碳(木质活性炭)	GB 29215—2012
190	食品添加剂	丙二醇	GB 29216—2012
191	食品添加剂	环己基氨基磺酸钙	GB 29217—2012
192	食品添加剂	甲醇	GB 29218—2012
193	食品添加剂	山梨糖醇	GB 29219—2012

续表

	标准名称		标准号
194	食品添加剂	山梨醇酐三硬脂酸酯(司盘65)	GB 29220—2012
195	食品添加剂	聚氧乙烯(20)山梨醇酐单月桂酸酯(吐温20)	GB 29221—2012
196	食品添加剂	聚氧乙烯(20)山梨醇酐单棕榈酸酯(吐温40)	GB 29222—2012
197	食品添加剂	脱氢乙酸	GB 29223—2012
198	食品添加剂	乙酸乙酯	GB 29224—2012
199	食品添加剂	凹凸棒粘土	GB 29225—2012
200	食品添加剂	天门冬氨酸钙	GB 29226—2012
201	食品添加剂	丙酮	GB 29227—2012
202	食品添加剂	硅藻土	GB 14936—2012
203	食品添加剂	松香甘油酯和氢化松香甘油酯	GB 10287—2012

科研课题目录

（截至 2012 年 12 月）

序号	课题名称	课题来源
1	动物源性食品产业链中重要化学危害因子控制技术及致病微生物溯源技术研究与集成示范	科技部
2	动物源性食品重要致病菌耐药性检测与风险评估技术研究	科技部
3	动植物食品中内源有害物精准检测技术	科技部
4	基于物联网的食品中重要污染物安全预警技术体系研究及示范	科技部
5	农药类毒物液相色谱质谱库的构建及应用	科技部
6	气候变化对黄曲霉毒素产毒影响的预测研究	科技部
7	食品化学污染物与新资源危害识别关键技术研究	科技部
8	食品加工过程安全性评价及危害物风险评估	科技部
9	食品接触材料中有害物质迁移量关键检测技术研究	科技部
10	食品污染监测标准物质研究	科技部
11	食品污染监测与风险评估技术合作研究	科技部
12	食品中化学危害健康风险表征与膳食暴露评估技术研究	科技部
13	Bt 水稻对动物代谢、免疫、生殖及发育影响的研究	农业部
14	农药风险评估综合配套技术研究	农业部
15	膳食样本和生物材料中持久性有机污染物实验室质量控制	环境保护部
16	食品中违禁成分检测及判别技术研究	国家质检总局
17	地方政府食品安全考核评价工作机制研究	国务院食品安全办
18	全国食品安全监管资源调查与分析	国务院食品安全办

续表

序号	课题名称	课题来源
19	电子垃圾拆解地区人群多溴联苯醚暴露的生物标志物研究	国家自然科学基金
20	给予免疫纳米磁珠的单端孢霉烯类真菌毒素快速检测技术的应用基础研究	国家自然科学基金
21	黑曲霉B类伏马菌素代谢表征及污染控制研究	国家自然科学基金
22	检测环境中抗生素PPCPs的前处理方法学研究	国家自然科学基金
23	利用体外胚胎干细胞神经分化模型对多溴联苯醚神经发育毒性作用机制的研究	国家自然科学基金
24	牛奶中多类型β－内酰胺酶通用免疫学构效关系及分析应用研究	国家自然科学基金
25	全氟有机化合物新型暴露标志物和婴儿暴露途径研究	国家自然科学基金
26	食品包装纸中DSD－FWAs的检测技术、迁移体系与迁移数学模型研究	国家自然科学基金
27	我国典型地区鱼类消费对健康影响的风险与获益平衡研究	国家自然科学基金
28	椰毒假单胞菌酵米面亚种鉴定、溯源技术和数据库的建立	国家自然科学基金
29	不同地区孕妇膳食、强化食品和营养素补充剂专项调查研究	联合国儿童基金会
30	婴幼儿食品安全国家标准跟踪评估研究	中国营养学会
31	微量营养素强化水平的风险评估研究	达能基金
32	我国三城市老年妇女膳食植物甾醇摄入量与血脂含量关系的研究	达能基金

学术论文发表情况

（截至 2012 年 12 月）

序号	作　者	论文名称	期刊名称
1	吴永宁，王雨昕，李敬光（通讯作者）	Perfluorinated compounds in seafood from coastal areas in China	Environment International
2	周萍萍，赵云峰，李敬光，吴永宁（通讯作者）	Dietary exposure to persistent organochlorine pesticides in 2007 Chinese total diet study	Environment International
3	李敬光，郭菲菲，王雨昕，吴永宁（通讯作者）	Development of extraction methods for the analysis of perfluorinated compounds in human hair and nail by high performance liquid chromatography tandem mass spectrometry	Journal of Chromatography A
4	吴永宁，李筱薇，常素英	Variable Iodine Intake Persistsin the context of universal salt iodization in China	Journal of Nutrition
5	杨立新，李荷丽，曾凡刚，苗虹（通讯作者）	Determination of 49 Organophosphorus Pesticide Residues and their Metabolites in Fish, Eggs and Milk by Dual Gas Chromatography-Dual Pulse Flame Photometric Detection with Gel Permeation Chromatography Cleanup	Journal of Agricultural and Food Chemistry
6	骆鹏杰，蒋文晓，Beier Ross C.，吴永宁（通讯作者）	Development of An Enzyme-Linked Immunosorbent Assay for Determination of the Furaltadone Etabolite, 3-Amino-5-Morpholinomethyl-2-Oxazolidinone (AMOZ) in Animal Tissues	Biomedical and Environmental Sciences
7	李娟，王宝盛，邵兵，吴永宁（通讯作者）	Plasmid-mediated quinolone resistance genes and antibiotic residues in wastewater and soil adjacent to swine feedlots: potential transfer to agricultural lands	Environmental Health Perspectives

续表

序号	作　者	论文名称	期刊名称
8	范赛，苗虹（通讯作者），赵云峰，吴永宁（通讯作者）	Simultaneous detection of residues of 25 β2-agonists and 23 β-blockers in animal foods by high performance liquid chromatography coupled with linear ion trap mass spectrometry	Journal of Agricultural and Food Chemistry
9	蒋文晓，骆鹏杰，王霞，吴永宁（通讯作者）	Development of an enzyme-linked immunosorbent assay for the detection of nitrofurantoin metabolite, 1-amino-hydantoin, in animal tissues	Food Control
10	刘嘉颖，李敬光，刘勇等	Comparison on gestation and lactation exposure of perfluorinated compounds for newborns.	Environ Int.
11	骆鹏杰，蒋文晓，陈霞	Technical note: Development of an enzyme-linked immunosorbent assay for the determination of florfenicol and thiamphenicol in swine feed.	J Anim Sci.
12	吴永宁	Translational toxicology and exposomics for food safety risk management.	J Transl Med.
13	姬华，陈艳（通讯作者），郭云昌，刘秀梅	Occurrence and characteristics of *Vibrio vulnificus* in retail marine shrimp in China	Food Control
14	刘继开	IMB2026791, a Xanthone, Stimulates Cholesterol Efflux by Increasing the Binding of Apolipoprotein A-I to ATP-Binding Cassette Transporter A1	*Molecules*
15	隋海霞，李建文，毛伟峰，刘兆平（通讯作者）	Dietary Iodine Intake in the Chinese Population	Biomed Environ Sci
16	王伟	Simultaneous Determination of Masked Deoxynivalenol and Some Important Type B Trichothecenes in Chinese Corn Kernels and Corn-Based Products by Ultra- Performance Liquid Chromatography-Tandem Mass Spectrometry	J. Agric. Food Chem.

续表

序号	作　者	论文名称	期刊名称
17	李凤琴,王伟,马皎洁,姜红如,林肖惠,严卫星	Natural occurrence of masked deoxynivalenol in Chinese wheat and wheat-based products produced in the years of 2008 - 2011.	World Mycotoxin Journal.
18	王伟,马皎洁,于钏钏,林肖惠,姜红如,邵兵,李凤琴	Simultaneous Determination of Masked Deoxynivalenol and Some Important Type B Trichothecenes in Chinese Corn Kernels and Corn-Based Products by Ultra-Performance Liquid Chromatography-Tandem Mass Spectrometry	J. of agricultural and food chemistry
19	白莉,夏胜利,刘丽云,叶长芸,王艺婷,金东,崔志刚	Isolation and Characterization of Cytotoxic, Aggregative *Citrobacter freundii*	Plos one
20	杨立新,李荷丽,苗虹（通讯作者）	双气相色谱 - 双脉冲火焰光度法高通量检测动物性食品中有机磷农药残留及其代谢产物	色谱
21	刘嘉颖,王雨昕,李敬光（通讯作者）	超高效液相色谱 - 质谱法测定动物性膳食中全氟辛烷磺酸和全氟辛酸	中国食品卫生杂志
22	杨欣（通讯作者），李鹏，赵云峰	高效液相色谱 - 线性离子阱三级质谱法检测花生中涕灭威及其代谢物涕灭威砜、涕灭威亚砜	色谱
23	李娜,李晓丽,苗虹（通讯作者）	食品中违禁色素检测方法的研究进展	中国食品卫生杂志
24	李晓丽,李娜,李鹏,苗虹（通讯作者）	高分子印记固相萃取 - 液相色谱质谱法测定水产品中孔雀石绿、结晶紫、亮绿及其代谢产物	中国食品卫生杂志
25	杨欣,刘卿,苗虹	国标法检测食品中邻苯二甲酸酯空白值的分析讨论	中国食品卫生杂志
26	李鹏,李晓丽,苗虹（通讯作者）	高效液相色谱 - 线性离子阱质谱法测定辣椒制品中 23 种工业染料．	中国食品卫生杂志

续表

序号	作　者	论文名称	期刊名称
27	李筱薇,刘卿,刘丽萍,吴永宁(通讯作者)	应用中国总膳食研究评估中国人膳食铅暴露风险	卫生研究
28	刘卿,钟其顶,李敬光(通讯作者)	固相微萃取－气相色谱－负化学源质谱法测定	卫生研究
29	陈霞,李娟,骆鹏杰,吴永宁(通讯作者)	国内外食品源及动物源弯曲菌流行性及耐药性调查研究进展	中国畜牧兽医
30	李万庆,沈雯捷,潘俊霞,李筱薇(通讯作者)	中国总膳食研究食物聚类自动化探索	卫生研究
31	黄李春,章荣华,刘丽萍,李筱薇(通讯作者)	2009 年浙江省 3 个城市居民膳食碘摄入量评估	中华流行病学杂志
32	赵馨,马兰,周爽	微波消解－石墨炉原子吸收光谱法测定面制食品中的铝	中国食品卫生杂志
33	毛雪丹,李晓瑜,田静	2002～2010 年我国面临食品安全 WTO/SPS 特别贸易关注分析	中国食品卫生杂志
34	田静,李晓瑜,毛雪丹	1995～2010 年 SPS 委员会与食品安全相关特别贸易关注的研究	中国食品卫生杂志
35	钟凯	我国食品安全风险交流现状、挑战与对策	中国食品卫生杂志
36	钟凯	食品添加剂的“污名化”现象与风险交流策略探讨	中国食品卫生杂志
37	隋海霞,张磊,毛伟峰,刘兆平(通讯作者)	毒理学关注阈值方法的建立及其在食品接触材料评估中的应用	中国食品卫生杂志
38	隋海霞,贾旭东,刘兆平,严卫星(通讯作者)	食品中化学物膳食暴露评估数据的来源、选择原则及不确定性分析	卫生研究
39	宋雁,李宁	免疫毒理学安全性评价方法的国内外研究进展	卫生研究

续表

序号	作　者	论文名称	期刊名称
40	宋雁,贾旭东,李宁	国内外农药登记管理体系	毒理学杂志
41	孙拿拿,梁春来,张倩男	《BN 大鼠致敏动物模型研究》	卫生研究
42	王君,刘秀梅	食品中黄曲霉毒素限量标准中的成本-效益分析	卫生研究
43	王君,罗雪云	含益生菌类食品的管理重点初探	中国食品卫生杂志
44	董银苹,崔生辉,李凤琴	乳酸杆菌及嗜热链球菌脉冲场凝胶电泳分子分型方法建立及应用	中华预防医学杂志
45	梁春来,李永宁,张晓鹏等	转 GmDREB1 基因抗旱小麦 T349 的免疫毒理学评价	中华预防医学杂志
46	刘海波,隋海霞,支媛等	芹菜素的急性毒性、遗传毒性及亚慢性毒性试验研究	中国食品卫生杂志
47	李晨汐,李敏,冯晓莲	烟碱类农药吡虫啉的体外经皮渗透研究	中华劳动卫生职业病杂志
48	韩蕃璠,钟凯,郭丽霞	新媒体时代食品安全风险交流的机遇与挑战	中国食品卫生杂志
49	韩蕃璠,吴颖	风险交流案例分析:瑞典政府处理丙烯酰胺事件引发的思考	中华预防医学杂志
50	韩蕃璠,吴颖,路勇	欧洲婴儿食品包装析出氨基脲风险交流案例分析	中国食品卫生杂志
51	周蕊,白瑶,李凤琴	食品工业用益生菌安全性评价研究进展	卫生研究
52	刘奂辰,王君	2012 年度食品安全国家标准立项建议情况分析	中国食品卫生杂志
53	朱蕾,樊永祥,王竹天	我国食品包装材料标准体系现况研究与问题分析	中国食品卫生杂志
54	朱蕾,樊永祥,王竹天	欧美和日本等国食品包装材料暴露评估方法比较研究	中国食品卫生杂志
55	韩军花,李晓喻,严卫星	微量营养素风险等级的划分	营养学报
56	韩军花,李晓喻,李艳平	我国食物维生素 A 强化水平的风险评估研究	中华预防医学杂志

续表

序号	作　者	论文名称	期刊名称
57	李湖中,韩军花,王素芳,严卫星	国内外铁强化管理比较研究	中国食品卫生杂志
58	张霁月,王华丽,张俭波	国内外食品添加剂质量规格标准状况分析	中国食品卫生杂志
59	马皎洁,胡骁,邵兵,林肖惠,于红霞,李凤琴	超高效液相色谱－串联质谱法测定粮食及其制品中的伏马菌素	中国食品卫生杂志
60	马皎洁,胡骁,邵兵,林肖惠,于红霞,李凤琴(通讯作者)	超高效液相色谱－串联电喷雾四级杆质谱法测定粮食及其制品中的伏马菌素	山东大学学报医学版
61	邱云青,王伟,李凤琴(通讯作者)	化学发光酶免疫分析法检测食品中脱氧雪腐镰刀菌烯醇的研究	现代预防医学
62	林肖惠,邵兵,李凤琴(通讯作者)	脱氧雪腐镰刀菌烯醇生物可及性体外消化模型的构建及验证	卫生研究
63	林肖惠,胡骁,李凤琴(通讯作者)	食品中重要B族黄曲霉毒素生物可及性体外消化模型的构建	中华预防医学杂志
64	赵悦,付萍,裴晓燕,王岗,郭云昌(通讯作者)	中国食源性单核细胞增生李斯特菌耐药特征分析	中国食品卫生杂志
65	王岗,郭云昌,裴晓燕	米酵菌酸的研究进展	卫生研究
66	徐进,庞璐	即食食品微生物限量比较分析	中国食品卫生杂志
67	徐进	2007－2009年欧盟肠出血性大肠杆菌监测简介	中国食品卫生杂志
68	徐进,庞璐	食品安全微生物学指示菌菌落总数、大肠菌群、大肠埃希菌、肠杆菌科国内外标准应用的比较分析	中国食品卫生杂志
69	庞璐,徐进	2006－2010年我国食源性疾病暴发简介	中国食品卫生杂志

专著出版情况

（截至2012年12月）

书名	作者	出版社	出版时间
食品中微生物危害风险特征描述指南	WHO/FAO 著 刘秀梅 主译	人民卫生出版社	2011年12月
微生物检验与食品安全控制	国际食品微生物标准委员会(ICMSF) 著 刘秀梅,陆苏彪,田静 主译	中国轻工业出版社	2012年6月
食品中可能的非法添加物危害识别手册	李宁,贾旭东 主编	人民卫生出版社	2012年2月
行政管理流程设计与工作标准(第2版)	王永挺 编著	人民邮电出版社	2012年3月
中国卫生人力资源管理案例集	刘金峰,朱光明 主编	中国传媒大学出版社	2012年5月
食品中化学物风险评估原则和方法	WHO/FAO 著 刘兆平,李凤琴,贾旭东 主译 陈君石 主审	人民卫生出版社	2012年8月
研发设计部岗位绩效考核与实施细则	王永挺 编著	人民邮电出版社	2012年10月
从农田到餐桌:食品安全的真相与误区	陈君石,罗云波 著 韩蕃璠,陈思 整理	北京科学技术出版社	2012年11月
2013年国家食品污染和有害因素风险监测工作手册	杨大进,李宁 主编	中国质检出版社	2012年12月